M

Papel certificado por el Forest Stewardship Council®

Primera edición: noviembre de 2025

Travessera de Gràcia, 47-49. 08021 Barcelona

Printed in Spain – Impreso en España

ISBN: 979-13-87598-09-9
Depósito legal: B-16.338-2025

Compuesto por Mireia de No Honrubia
Impreso en Gómez Aparicio, S. L.
Casarrubuelos (Madrid)

GT 98099

ÁLEX AMILIBIA DANIEL FERNÁNDEZ

LA BIBLIA DE LA GASOLINA

montena

ÍNDICE

CÓMO EMPEZÓ TODO

Y POR QUÉ NO PUDIMOS PARAR

Hay dos tipos de personas: las que ven coches pasar y las que se giran a mirar. Nosotros no solo nos giramos: los grabamos, los desmontamos, los tuneamos y les dedicamos más horas que a dormir. Así empezó esta historia. Y ahora, por fin, te la estamos contando.

Somos Daniel Fernández (alias Danifvck) y Álex Amilibia. Dos chavales con caminos diferentes, pero una misma obsesión: los coches. Bueno, los coches y los vídeos. Bueno, los coches, los vídeos... y liarla un poco también.

EL CHAVAL DE CANTABRIA QUE CONVIRTIÓ UN CELICA DESTARTALADO EN UNA LEYENDA MORADA

Hola, soy Álex. Nací en el País Vasco, crecí en Cantabria y... tardé en encontrar mi sitio. Probé estudios que no me llenaban, trabajos duros como descabezar bocartes en conserva o repartir pedidos en pleno agosto. Todo por una idea fija: ganar dinero para sacarme el carnet, tener mi primer coche y empezar mi verdadera vida.

La mecánica me llegó por impulso, por una charla tonta en un parque. No sabía ni lo que era un *silentblock*, pero me metí en un ciclo formativo de electromecánica y empecé a engancharme. Cuando llegó el momento de hacer prácticas, caí en un taller donde no solo aprendí: también grabé mi primer vídeo. Sin guion, sin cámara buena, sin grandes planes. Solo un coche en el elevador y un truco que quería enseñarle a un colega. Grabé, subí... y explotó. Literal. A las 15:00, publiqué el vídeo en TikTok, con una voz en off y un minutillo de metraje. Cuando llegué a casa, sobre las 15:30, ya tenía más de 100.000 visitas.

Ahí nació mi estilo. Un vídeo al día. Luego dos. Después llegó mi Celica, al que convertí en una especie de Pokémon evolucionado: escape nuevo, pintura morada, alerón, jaula antivuelco, llantas. Todo grabado. Todo explicado. Todo compartido con mi gente.

Por fin había encontrado mi sitio.

EL GALLEGO QUE PASÓ DEL GIMNASIO AL CONTENIDO VIRAL EN EL COCHE DE SU ABUELA

Hola, soy Dani.

He vivido en Galicia, Barcelona, Berlín..., pero mi gasolina emocional llegó tarde. Fue mi padre quien me metió el veneno: revistas de coches en el baño, tardes de sofá viendo *Fast & Furious*. Aun así, el clic no llegó entonces. Llegó cuando Inés —mi novia, que jugaba al voleibol— empezó a entrenar en Lugo. Me pasaba horas esperándola en el coche. Y mientras esperaba... grababa.

Vídeos cortos, anécdotas, ideas rápidas. De repente, ¡bum! Viral. Recuerdo perfectamente lo que me dijo Inés después de ese primer vídeo que lo petó: «Ahora tienes que hacer vídeos todos los días». Y me lo tomé en serio.

Lo que empezó como un pasatiempo se convirtió en rutina. Luego en necesidad. Luego en trabajo. Mi primer coche fue el de mi abuela. Mi primer colega del motor: Sergio, el loco de los Honda. Mi mejor herramienta: la constancia.

Y lo más curioso es que no tenía ni idea de mecánica. Cero. Pero no me frenó. Aprendí viendo a otros, preguntando, probando, equivocándome... y volviendo a grabar al día siguiente. Y así hasta hoy.

DOS CAMINOS PARALELOS... QUE SE CRUZARON GRACIAS A UN VÍDEO

La conexión surgió como surgen las mejores cosas: por casualidad. Dani vio un vídeo de Álex sobre un truco de coche. Le dio me gusta. Le escribió. Le dijo que no dejara de subir contenido. Que lo hiciera por él, por la comunidad, por esa ilusión que se nota cuando algo te apasiona.

Y lo hizo. Siguió subiendo. Y siguieron hablando. Hasta que un día dijeron: «Tío, ¿y si montamos algo juntos?». Y eso fue el principio de todo.

Desde entonces, comparten ideas, proyectos, coches, frustraciones mecánicas, tornillos partidos y muchas, muchas risas.

ESTA BIBLIA NO ES PARA PREDICAR: ES PARA COMPARTIR

Este libro no va de decirte qué coche comprarte, ni cómo vivir tu pasión. No va de reglas cerradas ni dogmas de taller. Va de eso que nadie te cuenta: los trucos que funcionan, los errores que hemos cometido, los consejos que ojalá nos hubieran dado.

Va de ti. De los que aman el olor a gasolina, el sonido de un corte, el brillo de una llanta limpia. De los que se dejan los nudillos en un vano motor y la paciencia en una ITV. De los que sueñan con su próximo proyecto mientras pulen el actual.

Bienvenido a *La Biblia de la gasolina*. No está escrita en piedra, pero sí con aceite, óxido y mucho corazón.

LOS 10 MANDAMIENTOS DEL BUEN CONDUCTOR

DE VERDAD

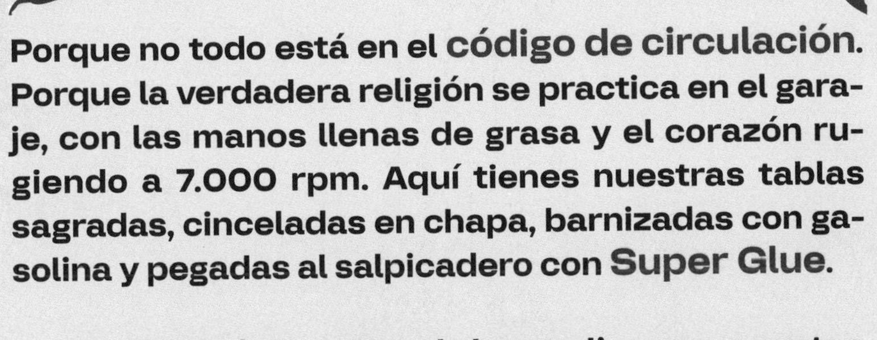

Porque no todo está en el código de circulación. Porque la verdadera religión se practica en el garaje, con las manos llenas de grasa y el corazón rugiendo a 7.000 rpm. Aquí tienes nuestras tablas sagradas, cinceladas en chapa, barnizadas con gasolina y pegadas al salpicadero con Super Glue.

> «Y así habló el profeta de la gasolina, con guantes manchados de aceite y voz de escape libre».
>
> — Libro de san Octanaje,
> versículo de la ITV

1. NO TOMARÁS EL NOMBRE DE LA GASOLINA EN VANO

El octanaje es sagrado. Que no te engañen los cantos de sirena eléctricos. Un V8 a 4.000 vueltas predica mejor que cualquier influencer.

⚠ No **compares** un motor atmosférico con un enchufe

⚠ No digas que da igual la gasolina, porque **no da igual**

⚠ No pongas **95** a un coche que pide **98** (te está gritando por dentro)

TE FALTA **TÉCNICA**

¿Qué es el octanaje? Es la resistencia de la gasolina a detonar antes de tiempo. A más octanos, más rendimiento. Es como comparar vino peleón con reserva del 92.

El eléctrico es el nuevo hereje. Y tú tienes un carburador y una misión. Si tu coche huele a 98 y escupe fuego, estarás más cerca del paraíso.

2. AMARÁS Y CUIDARÁS A TU COCHE POR ENCIMA DE TODAS LAS COSAS

Tu coche es más que un medio de transporte. Es tu templo. Tu mejor colega. Tu psicólogo con ruedas. Cuídalo como se merece:

- Realiza una revisión semanal de ruedas, aceite y líquidos
- Lávalo un mínimo de una vez por semana (y no vale con pasarle la manga)
- Usa gasolina buena cuando el bolsillo lo permite
- Dale mimos extra si suena raro, huele raro o vibra raro

PUEDES VIVIR EN TU COCHE, PERO NO PUEDES CONDUCIR UNA CASA.

Tu coche es tu templo. No lo maltrates como si fuera de alquiler. Si tiene nombre, mejor. Si lo limpias con cariño, aún más. A quien no lava sus llantas, se le caerá el embrague en penitencia.

3. UN CORTE AL DÍA EVITA LA AVERÍA

Hacer «el corte» al motor (llegar al límite de revoluciones) de vez en cuando, y de forma controlada, no solo no lo rompe, sino que puede ser beneficioso. Ayuda a evitar que se acumule carbonilla en el motor, especialmente en los motores gasolina, y mantiene las válvulas y otras partes internas más limpias. Es como estirarse después de estar sentado todo el día: el motor lo agradece.

Pero ojo, no vale hacerlo a lo loco:

CHECKLIST PARA UN CORTE SANO

- Calienta el motor al menos durante 10-15 minutos antes de hacer nada.
- Asegúrate de que el aceite esté a su temperatura óptima.
- Busca una zona segura, sin tráfico y sin peatones.
- Haz el corte de manera breve y controlada. No lo mantengas.
- Escucha el motor: si suena forzado, para de inmediato.

NO COMETAS EL ERROR DE CORTAR EN FRÍO: ES COMO HACER SENTADILLAS CON 200 KG SIN CALENTAR. SPOILER: ACABAS EN EL TALLER (O EN EL FISIO).

MINITEST: ¿SABES CORTAR BIEN?

1. ¿Cortar con el motor frío es bueno?
2. ¿Se puede hacer todos los días?
3. ¿Sirve para limpiar carbonilla?

Respuestas al final del capítulo.
Si fallas... revísate.

El corte no es pecado si se hace en caliente. Es un ritual sagrado. Pero si lo haces en frío, el castigo es claro: junta de culata y grúa camino del infierno.

4. NO CRITICARÁS LOS COCHES AJENOS

Ese Honda Civic con vinilos de llamas y alerón XXL es la joya de alguien. Si no es tu proyecto, cállate la boca.

TALLER DE RESPETO AUTOMOTRIZ

- Cada coche cuenta una historia.
- La pintura fosforita no mata, tus prejuicios sí.
- Si no te gusta, míralo como arte abstracto sobre ruedas.

RECUERDA: TODOS EMPEZAMOS CONDUCIENDO ALGO QUE AHORA NOS DARÍA VERGÜENZA SUBIR A INSTAGRAM.

Cada coche es un alma. Aunque lleve faldones de serie. Aunque tenga llantas cromadas del Norauto. No juzgues, que tú también empezaste con fundas del chino.

5. *APARCARÁS EN ZONAS SEGURAS (AUNQUE ESTÉN EN MORDOR)*

Más vale caminar diez minutos que llorar tres días por un rayón en la puerta.

¿Dónde **NO** aparcar?

- Al lado de coches abollados (el karma acecha)
- Bajo árboles cagones
- Junto a un bar de copas un sábado noche

¿Dónde **SÍ** aparcar?

- Entre dos columnas
- Junto a coches nuevos y bien cuidados
- Cerca de cámaras de seguridad

Más vale caminar como peregrino que llorar rayones en la puerta. Quien aparca entre columnas será bendecido con chapa intacta.

6. MODIFICARÁS TU COCHE POR ENCIMA DE TODAS LAS COSAS

Un coche de serie es como una pizza sin *toppings*. No vinimos al mundo para conformarnos con lo estándar.

IDEAS LOW COST PARA EMPEZAR

- Cambia el pomo de la palanca.
- Pinta las pinzas de freno.
- Añade un *lip* frontal universal.
- Ponle una funda guapa al volante.

TU COCHE, TUS NORMAS. EL CATÁLOGO ES SOLO UNA SUGERENCIA.

La serie es para los cobardes. El que ama su coche, lo transforma. Aunque sea con cinta americana, pero con fe.

7. NO COMERÁS DENTRO DEL COCHE

Ni pipas, ni burritos, ni café con tapa. Cada miga es una traición. Cada mancha de kétchup, una puñalada al alma del tapizado.

TOP 3 DE TRAIDORES DEL INTERIOR

1. Cruasán relleno
2. Pipas (con y sin sal)
3. Hamburguesas XXL con todo

¿Comer en el coche? ¿Acaso comerías dentro de la cama llenándolo todo de migas? El coche es un templo, no un merendero.

8. SI EL COCHE NO ROZA, NO GOZA

Suspensión roscada, coche al suelo y que salten chispas. La estética manda y el confort... Bueno, ya si eso otro día.

¡MEDIDA SAGRADA! UNA TARJETA DE METRO ENTRE RUEDA Y ALETA. SI CABE MÁS, SUBE MÁS QUE LA ALTURA.

Si puedes meter un dedo entre la aleta y la rueda, aún no dominas el *tuning*. Rozar es amar. La estética exige sacrificio.

9. LLEVARÁS ACEITE, ANTICONGELANTE Y HERRAMIENTAS EN EL MALETERO

Es mi lema en la vida. Un verdadero *petrolhead* lleva:

- Aceite y anticongelante
- Bridas, cinta americana, destornillador
- Linterna frontal (por si el drama ocurre de noche)
- Gato, triángulos y chaleco

AYUDAR AL PRÓJIMO ES DE BUEN CONDUCTOR. SI PRESTAS TUS HERRAMIENTAS PARA ARREGLAR UN COCHE AJENO, PASARÁS DE MORTAL A MITO.

Nunca sabes cuándo vendrá la tentación del sobrecalentamiento. Sé sabio, lleva tus fluidos. El que va preparado, no va en grúa.

10. SI VES UN TÚNEL, ACELERARÁS

El túnel es la catedral del motor. La acústica convierte tu escape en sinfonía.

- Da igual si llevas un 1.2 o un V6
- Pisa, ruge, disfruta
- Y si hay eco... mejor

SI NO ACELERAS EN EL TÚNEL, NO ERES DE LOS NUESTROS.

Y harás que retumbe. Y escucharás el eco de tu pasión reflejado en el hormigón. Y sabrás que estás vivo.

RESPUESTAS MINITEST:

1. ✗ Falso
2. ☑ Verdadero (con moderación)
3. ☑ Verdadero

¿Has fallado alguna? ¡Reza tres padrenuestros de la gasolina y ponte un vídeo de mecánica antes de dormir!

PADRENUESTRO DE LOS COCHES

Padre nuestro que estás en el taller,
Nunca multado sea tu nombre,
Venga a nosotros la gasolina,
Hágase la velocidad, en tramo como en circuito.
Danos hoy nuestro corte de cada día,
Perdona nuestros acelerones en frío,
Como también perdonamos las averías de los demás.
No nos dejes caer en un control,
Y líbranos del radar.

¡ACELERAMOS!

MINITEST: ¿QUÉ TAN CREYENTE ERES DEL EVANGELIO GASOLINERO?

Contesta con sinceridad. Dios (y la DGT) están mirando.

1. **¿Lavas tu coche más que a tu perro?**
   - **a.** Sí, claro. Mi coche huele mejor.
   - **b.** A veces, depende del barro.
   - **c.** ¿Se lava el coche?

2. **¿Has hecho algún corte para evitar averías?**
   - **a.** Uno diario, como dice la palabra.
   - **b.** Solo en fines de semana.
   - **c.** No sé ni qué es un corte.

3. **¿Has bendecido un túnel con un acelerón?**
   - **a.** Siempre. Es mi misa.
   - **b.** Solo si voy solo.
   - **c.** ¿Eso no es ilegal?

4. **¿Has llamado «santuario» a tu garaje?**
   - **a.** Por supuesto. Hasta tengo incienso.
   - **b.** Solo cuando hay visitas.
   - **c.** Yo aparco en la calle y rezo.

5. **¿Te has confesado por ponerle 95 en vez de 98?**
   - **a.** Sí, llorando.
   - **b.** Una vez, y me dolió.
   - **c.** ¿No es lo mismo?

RESULTADOS

- **5 respuestas A** → Apóstol del octanaje: Tienes gasolina en las venas y fe en los caballos.
- **3-4 respuestas B** → Fiel dominguero: Te sabes el evangelio, pero a veces pecas por pereza.
- **0-2 respuestas A o todo C** → Hereje del diésel: Te espera el purgatorio... con motor atmosférico.

¿QUÉ DICE DE TI EL TIPO DE COCHE QUE TE GUSTA?

HA LLEGADO LA HORA DE TU JUICIO FINAL

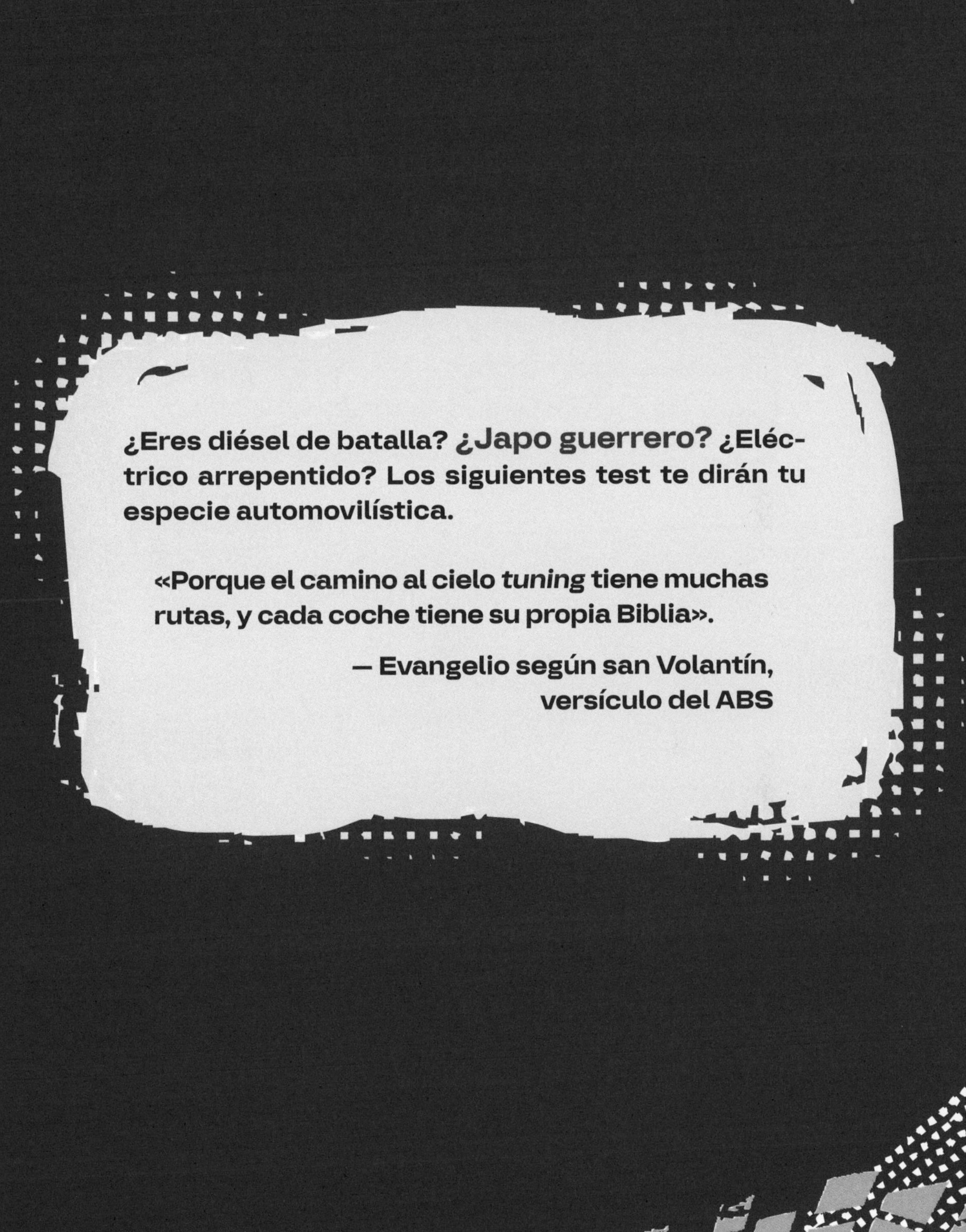

¿Eres diésel de batalla? ¿Japo guerrero? ¿Eléctrico arrepentido? Los siguientes test te dirán tu especie automovilística.

> «Porque el camino al cielo *tuning* tiene muchas rutas, y cada coche tiene su propia Biblia».
>
> — Evangelio según san Volantín, versículo del ABS

DOSIER CONFIDENCIAL DEL CONDUCTOR DIÉSEL

Clasificación no oficial, pero 100 % precisa

(Recopilado por un mecánico iluminado tras 8 cafés y 3 garrafas de gasoil).

¿ERES UN AUTÉNTICO DIÉSEL? AQUÍ VAN LAS SEÑALES INEQUÍVOCAS:

- Tu coche arranca como si necesitara café. **Y tú también**. Pero ambos salís adelante, siempre.
- Has dicho «a este le quedan **200.000 km** más» mientras suena algo que claramente está pidiendo la extremaunción.
- En tu maletero vive una civilización de bridas, garrafas, aceite y herramientas que ya **no recuerdas** para qué sirven.
- Te han acusado de contaminar más que un **volcán activo**. Y tú has respondido con una nube negra y una sonrisa.
- Si alguien insinúa que lo tuyo no es pasión sino reprogramación..., tú miras al suelo. **Cómplice. Silencioso.**
- Tu coche no ganaría un concurso de belleza ni con **Photoshop**. Pero tampoco necesita ganar nada. Ya lo ha vivido todo.
- El sonido de tu motor no es ruido. Es identidad. Si no vibra el retrovisor, **no estás conduciendo**.
- Has oído **«esto gasta poco»** tantas veces... que ya solo crees en números de surtidor.

- El cuentakilómetros va por la tercera vuelta. Y tú, **feliz**, esperando la cuarta.
- Conduces en reserva más tiempo del que otros tardan en irse de vacaciones. Lo llamas **«gestión avanzada del miedo»**.

VEREDICTO FINAL:

Si has asentido en más de cinco puntos, enhorabuena: eres de la vieja escuela.

No corres, arrastras el planeta. No aceleras, empujas con dignidad.

Eres el último bastión antes de que el coche sea un electrodoméstico.

Y lo sabes.

TE FALTA **TÉCNICA**

¿Qué significa reprogramar? Modificar la centralita electrónica del coche (la ECU) para mejorar sus prestaciones, como el par motor, la respuesta del acelerador o incluso reducir el consumo..., aunque muchas veces el objetivo principal es que corra más.

DOSIER CONFIDENCIAL DEL JAPO LOVER

Clasificación no oficial, pero 100 % precisa

(Recopilado en una reunión secreta en un aparcamiento de polígono a las 3 de la mañana).

¿ERES DE LA HERMANDAD NIPONA? AQUÍ VAN LAS SEÑALES QUE TE DELATAN:

- Has girado el motor más allá de lo legal, lo lógico y lo mecánicamente prudente... solo para **escuchar cómo grita**.
- Defiendes la ingeniería japonesa como si hubieras nacido en un taller de **Kioto**. Aunque conduzcas otra cosa.
- Si el motor suena suave, sospechas. Un buen motor japonés tiene que sonar **como si le debieras dinero**.
- Tu coche siempre está «casi terminado». Llevas así desde 2019. Pero esta vez sí, **¿eh?**
- Te relajas cuando oyes que el coche grita. Esa vibración es tu meditación. Tu **zen** está en las 8.000 vueltas.
- Montas escapes que harían llorar a un vecino, pero tú **saludas con respeto** a cada coche que ves. Ruges por fuera, pero eres puro código honor.
- Para ti el rollo nipón no va de pegatinas, va de **principios**. Y de meter mano hasta dejarlo fino.

- Tienes piezas que compraste en un **foro de Malasia** traducido con Google y enviadas desde un buzón de otro continente.
- Algún día harás un **cambio de motor**. No sabes cuándo Pero sabes que lo harás. Está escrito en tu destino (y en tu historial de búsquedas).
- **No necesitas un taller:** te bastan dos llaves Allen, un gato hidráulico, y un tutorial con mala calidad de audio.

VEREDICTO FINAL:

No conduces un coche, construyes una filosofía.

Cada tornillo cuenta tu historia. Cada mejora, tu paciencia.

No corres por correr. Corres porque es tu idioma.

EL JDM

El JDM (siglas en inglés de *Japanese Domestic Market*) es casi un dogma. No se trata solo de que el coche «luzca japonés», con vinilos, alerones o faros tuneados, sino de respetar el espíritu auténtico del coche japonés: su mecánica, su historia, su filosofía de conducción, su cultura automovilística.

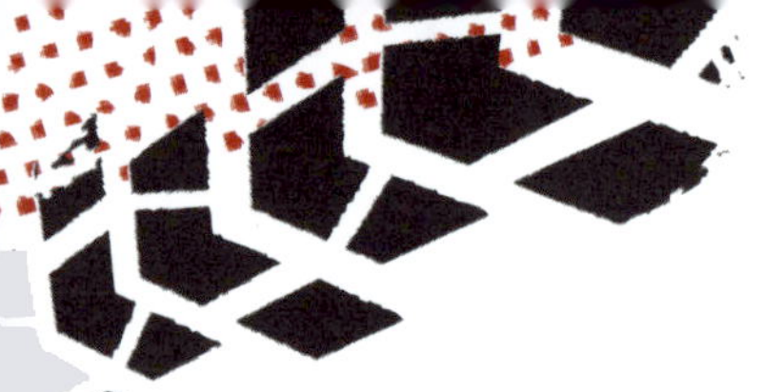

Dicho de otra manera, no es disfrazarte de samurái, es haber entrenado con katana toda la vida.

¿Qué implica eso en el mundo del motor?

- Llevar piezas originales JDM (no réplicas chinas).
- Entender qué hace especial a un coche como el Nissan Silvia o el Toyota AE86.
- Respetar la forma japonesa de modificar: funcionalidad antes que postureo.
- Tener en cuenta el equilibrio entre motor, chasis y suspensión.

DOSIER CONFIDENCIAL DEL COMANDANTE SUV

Clasificación no oficial pero 100% precisa

(Detectado liderando una caravana a 30 km/h en zona escolar, con mirada de superioridad).

¿LLEVAS UN SUV? ESTAS SEÑALES LO CONFIRMAN (AUNQUE INTENTES DISIMULARLO):

- Te acercas a cualquier bordillo como si fuera el podio de Mónaco. Lo subes lento, **ceremonioso**, como quien pisa terreno sagrado.
- No has tocado la tierra en tu vida, pero hablas de «aventuras» como si fueras **Bear Grylls con *bluetooth***.

- ➡ A cada centímetro que sube tu coche, sube también tu ego. Lo sabes. **Y lo gozas**.
- ➡ Dices que lo elegiste por seguridad. Pero lo que realmente te da seguridad... es **mirar por encima del hombro** al resto del tráfico.
- ➡ Tienes más plástico en los pasos de rueda que una tienda de decoración en rebajas.
- ➡ Llevas portabicicletas. Pero ni bici, ni ruta, ni interés. **Solo estética** de «vida activa y organizada».
- ➡ Cada cambio de ruedas te cuesta más que unas vacaciones en Croacia. Pero oye, «es por los niños».
- ➡ Dices que no corres. Que eres prudente. Pero, cuando hay recta, el pedal **baja como tus excusas**.
- ➡ Tus hijos no viajan. Se desplazan blindados, **como en misión diplomática**. «Súbete al tanque, cariño».
- ➡ Finges que aparcas fácil, pero das tantas vueltas que el GPS **se cree que estás perdido**.

VEREDICTO FINAL:

No necesitas justificarlo. Un SUV no se conduce, se exhibe.

No se aparca, se impone. No se disfruta, se proclama.

Y tú, rey o reina del asfalto elevado, lo sabes mejor que nadie.

EL IMPERIO DE LOS SUV

¿Sabías que hoy en día más de la mitad de los coches nuevos vendidos en Europa son SUV?

Y lo más loco: la mayoría nunca pisa un camino de tierra. Son como botas de montaña en una oficina.

- La palabra *SUV* viene de *Sport Utility Vehicle*, o sea, «vehículo deportivo utilitario». Pero deportivos lo que se dice deportivos... pocos.
- Algunos SUV modernos pesan tanto como un elefante africano adulto (más de dos toneladas) y consumen como si les pagaran por ello.
- En ciudades como Londres, ya se están planteando cobrar más impuestos a los SUV urbanos por ocupar más espacio y contaminar más.
- Las marcas saben que nos flipan los SUV, así que han sacado hasta SUV cupé, SUV compacto, SUV eléctrico y SUV con tacones (vale, esto último no... de momento).

Dato final para la barra del bar: en un SUV, tienes más posibilidades de sobrevivir... y también más posibilidades de atropellar sin darte cuenta un bolardo, una columna o tu dignidad aparcando en batería.

DOSIER CONFIDENCIAL DEL ELÉCTRICO

Clasificación no oficial pero científicamente exacta

(Última actualización: mientras esperabas a que cargase hasta el 80 por ciento).

¿ERES UN ELÉCTRICO? NO HACE FALTA QUE LO JURES. ESTAS PISTAS TE DELATAN:

- Te despiertas con más ansiedad por **encontrar un enchufe** que por leer las noticias. Tu día empieza con un «¿Dónde cargo hoy?» y termina igual.
- Dices que el silencio es lo mejor..., pero a veces le haces «brum brum» con la boca al coche. Solo por **nostalgia**.
- Cada kilómetro que recorres es una **microdecisión estratégica**. «¿Voy por aquí o me quedo en mitad del monte con un 3 por ciento de batería y una *playlist* de Lo-Fi?»
- Vives en modo eco. En el coche y en la vida. Conduces como si cada pisada de acelerador **restase años** de tu esperanza de carga.
- Dices que no echas de menos la gasolina. Y lo dices tan rápido que parece que estás convencido. **Pero no**.
- Has hecho más **cálculos mentales** con autonomía, pendientes y aire acondicionado que en todo 2.º de ESO. Y, aun así, dudas.

- Llevas esa pegatina verde como quien lleva un título nobiliario. Pero, por dentro, sabes que **tu corazón** sigue oliendo un poco a 98 octanos.
- Te justificas antes de que te pregunten. «No, si yo no soy *hater* de los térmicos, solo que esto es más sostenible, y bla, bla...».
- Te debates entre encender el climatizador o **aguantar el calor**. Porque, en tu mundo, sudar vale lo mismo que llegar.
- Te ríes del humo ajeno, del ruido y del embrague, hasta que **necesitas una toma** de corriente. Entonces empiezas a mirar a los térmicos como si fueran vaqueros con cantimplora en el desierto.

Conduces el futuro, pero con ansiedad del presente.

Eres sigiloso, calculador y optimista.

Y aunque no suenes, dejas huella. Sobre todo, cuando hay enchufe cerca.

EL SILENCIO ELÉCTRICO TIENE TRUCO

¿Sabías que los coches eléctricos tienen que hacer ruido artificial a baja velocidad?

Si no, los peatones no los oyen llegar y puedes acabar atropellando a alguien en modo sigilo ninja.

- El sonido que emiten lo elige el fabricante. Algunos suenan a nave espacial, otros a aspiradora de lujo.
- En Noruega, casi el 80 por ciento de los coches nuevos ya son eléctricos. Allí enchufas el coche como quien pone la cafetera.
- Las baterías de litio pesan tanto que muchos eléctricos superan los 2.000 kilos. Eso es casi una furgoneta con pinta de patinete.
- Las recargas rápidas no son tan rápidas: de 0 al 80 por ciento pueden tardar entre treinta y cuarenta minutos, perfecto si te gusta tomarte un café de misa de domingo.
- Y sí: puedes electrocutarte al lavarlo si decides desmontarlo entero y meter el motor en la bañera. Si no, tranquilo.

Apunte final: El miedo real no es quedarse sin batería. Es que se te acabe... a tres kilómetros del cargador más cercano. Y no haya cobertura para pedir ayuda.

FRASES ÉPICAS PARA IMPRIMIR Y COLGAR EN EL RETROVISOR

- «No tomarás el nombre del par motor en vano».
- «Padre nuestro que estás en el taller...».
- «Si acelero en el túnel, ¿me escucha Dios?».
- «El que esté libre de multas, que tire la primera piedra».

¿QUÉ TIPO DE CONDUCTOR ERES?

HAY DE TODO EN EL GARAJE DEL SEÑOR

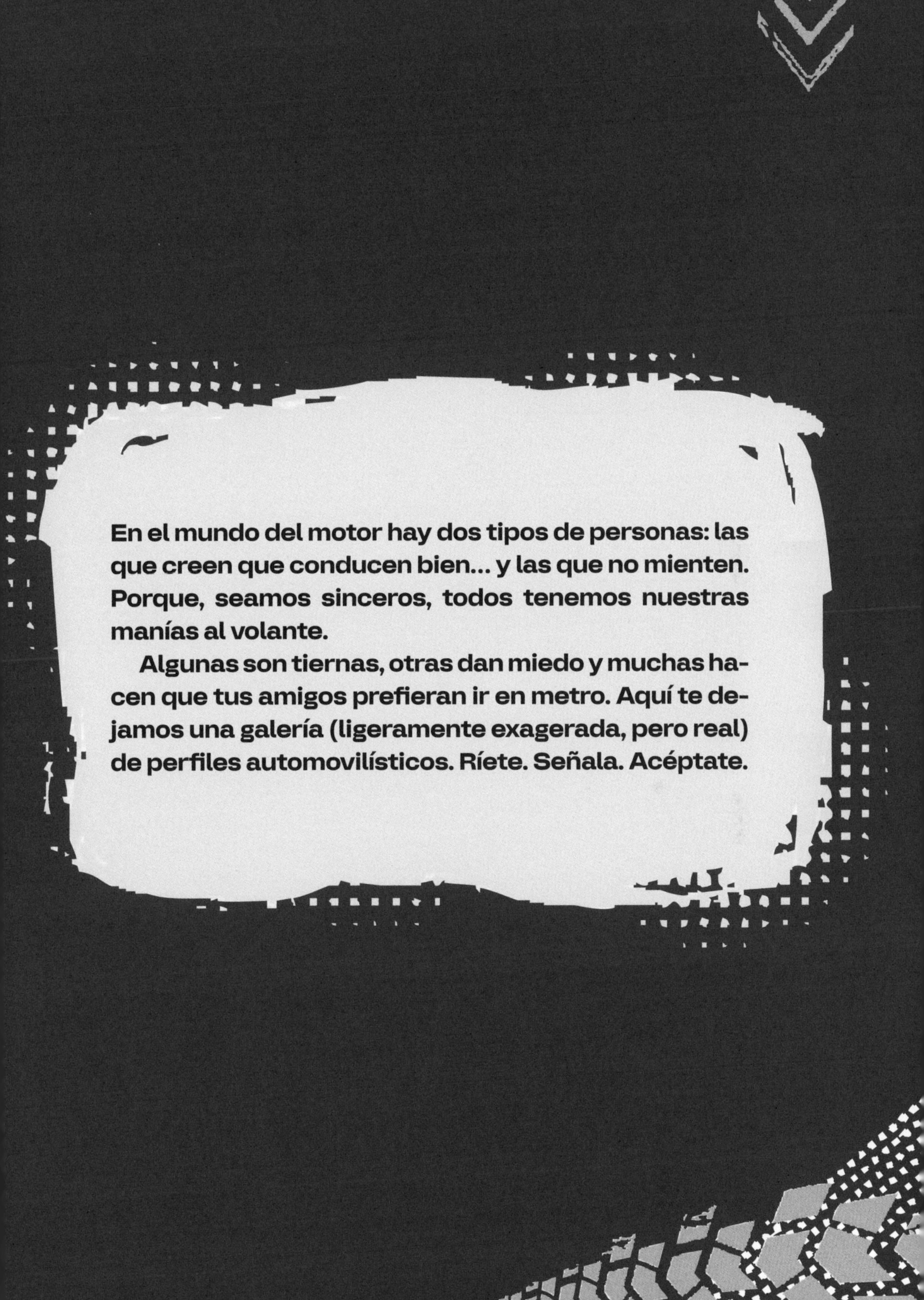

En el mundo del motor hay dos tipos de personas: las que creen que conducen bien... y las que no mienten. Porque, seamos sinceros, todos tenemos nuestras manías al volante.

Algunas son tiernas, otras dan miedo y muchas hacen que tus amigos prefieran ir en metro. Aquí te dejamos una galería (ligeramente exagerada, pero real) de perfiles automovilísticos. Ríete. Señala. Acéptate.

TOP 5 DE CONDUCTORES MÁS PELIGROSOS (SEGÚN NUESTROS NERVIOS)

1. **El *Drifter* del Aparcamiento → Derrapa hasta en la cola del McAuto.**
2. **El Novel Despistado → Conduce como si estuviera jugando al GTA, pero sin saber jugar.**
3. **El Móviles → Conduce mirando el móvil, escribiendo y probablemente viendo TikToks.**
4. **El Quemaembragues → Suelta más humo que una feria de pueblo. Y no es por el escape.**
5. **El Antirrotondas → Cada rotonda es una batalla entre su miedo y nuestra paciencia.**

1. LOS NOVATOS

¿Qué es un conductor novel?

Según la RAE, un novel es alguien cuyo carnet tiene menos de un año de antigüedad. Según nosotros, es alguien que se mueve entre el miedo, la emoción y el caos absoluto.

EL NOVEL DE LIBRO

Lo hace todo al pie de la letra: intermitente, retrovisor, vuelta a mirar, señalización perfecta. Es el **alumno eterno de la DGT**. Conduce como si aún tuviera al examinador respirándole en la nuca: las manos a las diez y diez en el volante, velocidad milimétrica, mirada hipe-

ractiva entre retrovisores. No para ni un segundo en zonas prohibidas y no supera la velocidad ni por error. Su postura al volante recuerda a un suricata vigilante: erguido, alerta… y **a punto de hiperventilar** si alguien le pita.

Ejemplo real: aparca a cinco metros de la línea «por si acaso».

EL NOVEL FLIPADO

Va en un coche de sus padres, pero actúa como si llevara un **Lamborghini Huracán**. Mano en el volante a las doce, ventanilla bajada aunque llueva, y reguetón a volumen atronador. Sube selfis conduciendo con *flow* mientras **el coche está calado** y ni se ha dado cuenta. Estilo: 10. Control del motor: 0.

EL NOVEL DESPISTADO

Aprobó el carnet por **alineación planetaria**. No distingue entre la primera y la tercera, confunde el freno con el embrague y gira medio segundo después de que el coche lo haya hecho por sí solo. Es más peligroso que el caparazón azul del Mario Kart. Sus padres le quieren, sí, pero cuando él conduce, prefieren **hacer la compra andando**, aunque llueva y el súper esté a quince kilómetros.

⚠ EL NOVEL MIEDOSO

Conducción y pánico, todo en uno. Se sacó el carnet por presión social y, cada vez que gira la llave, se despide mentalmente de sus seres queridos. Arranca **con miedo**, frena **con miedo** y cambia de carril como si estuviera desactivando una bomba. Siempre que puede, va en bici o transporte público… porque al menos ahí no depende de sí mismo.

¿TIENES LA L? ENTONCES ERES UNO DE ESTOS...

Los conductores novatos son una especie aparte. Inseguros, flipados, hiperatentos o directamente peligrosos. Si llevas la L, probablemente encajes en uno (o más) de estos perfiles.

Si no te reconoces en ninguno, probablemente seas el quinto tipo: el Novel en negación.

Si vas a romper algo, que sea aprendiendo.
No conduciendo como un flipado.

TEST DE RECONOCIMIENTO INICIAL:

Suma un punto por cada respuesta afirmativa. Responde con sinceridad. Escuchamos, pero no juzgamos:

1. ¿Has nombrado a tu coche?
2. ¿Te han dicho alguna vez «conduces como mi abuelo»?
3. ¿Tienes más de dos ambientadores diferentes?
4. ¿Alguna vez has dicho «suena raro» y tenías razón?
5. ¿Echas gasolina según la luna llena y el precio del bitcoin?
6. ¿Tu coche está limpio por fuera y caótico por dentro (o viceversa)?
7. ¿Has aparcado lejos solo para evitar rayones?

RESULTADOS

- **0–2:** Conductor zen. No tienes prisa. Tampoco personalidad.
- **3–5:** Conductor equilibrado. Tienes tus cosillas... pero conduces con estilo.
- **6–7:** Conductor nivel leyenda. Tienes manías, pero también alma. Probablemente tengas un canal de TikTok sobre coches.

2. LOS INTENSOS

EL MANIÁTICO

Todo en su coche está calibrado como si fuera **una nave espacial**: asiento, retrovisores, temperatura, volumen... Todo tiene su sitio exacto. Si mueves algo medio centímetro, lo nota. Y te lo dice con mirada de «¿quién ha profanado mi templo?». La radio solo puede sonar en volumen par, el aire a 21 °C exactos, y si cambias **el ángulo del espejo**... se le descuadra el alma.

EL QUE NO SABE VIVIR SIN EL GPS

No sale de casa sin poner **el navegador**, ni aunque vaya a comprar el pan al colmado de al lado. Sin GPS no sabe dónde está, dónde va ni quién es. Es **despistado por naturaleza**, y usa el mapa no solo para guiarse, sino también para saber la velocidad máxima. Cuando ve un radar frena... aunque vaya a 32 km/h. «Por si acaso», dice, mientras tú te comes el salpicadero.

EL EXAMINADOR INTERIOR

Lleva un agente de la DGT metido en la cabeza. Si se salta un ceda o se le olvida poner un intermitente, se martiriza como si hubiera cometido una herejía. «¡**Soy un peligro público**! ¡No merezco este carnet!», grita por dentro mientras tú apenas has notado nada. Conduce bien, pero **sufre en cada trayecto** como si fuera una prueba final de autoescuela.

EL TÉCNICO

Este conductor es **el médico del coche**, pero su diagnóstico es un poco excesivo. Cuando pone el contacto, no arranca hasta que

todas las luces del salpicadero se apagan. Después, espera pacientemente a que el motor alcance la temperatura perfecta antes de mover el coche, aunque solo tenga que ir a 30 km/h. Llega a los sitios con un margen de diez minutos solo para que el coche se enfríe y el turbo **no se muera**. Y cuando va al lavado, espera más tiempo para que los discos de freno se enfríen que el que ha tardado en llegar a su destino. No es que sea paranoico… es solo que a cada ruido le da un tratamiento de urgencias.

EL MULTAS

Todos tenemos uno. Ese colega que, aunque vaya a 47 km/h en zona de 50 km/h, acaba con una multa en el parabrisas. Tiene un **imán para los radares**, los agentes y las cámaras de tráfico. No importa lo que haga: si pasa por una calle, el radar se activa solo por costumbre. Hay gente con estrella y gente con señal de «**sanción automática**».

EL ANTIMULTAS

Lleva décadas al volante, se salta límites de velocidad como quien esquiva badenes… y, aun así, **ni una sola multa** en su historial. Los radares no lo ven, los agentes no lo paran, y las cámaras lo ignoran. Algunos dicen que tiene suerte. Otros, que es **invisible para Tráfico**. Él solo sonríe y dice: «Es cuestión de saber por dónde ir… y cuándo soltar el gas».

TOP 5 DE MULTAS ABSURDAS (Y REALES)

Porque a veces las sanciones parecen más una broma que una norma. Estas son algunas de las multas más ridículas que nos han puesto (o que nos han contado… pero eran demasiado buenas para no creerlas):

Por lavarlo demasiado

Sí, multado por lavar el coche... ¡en la calle! Según el reglamento, ensuciar la vía pública con jabones o agua es sancionable. ¿La solución? Que lo limpie la lluvia. Pero sin mojar a nadie.

Por conducir con chanclas

No está prohibido literalmente, pero si el agente considera que pueden interferir en los pedales... zasca: 80 euros y a buscar unas zapas en el maletero.

Por llevar el coche sucio (por fuera)

Un tío recibió una multa porque la matrícula estaba tan sucia que no se veía. Le costó más la limpieza que un túnel de lavado prémium.

Por comer al volante

Un clásico moderno: conducir mientras masticas una empanadilla. Según la Guardia Civil, si eso reduce tu atención, multa al canto. Ni un bocado tranquilo.

Por poner una pegatina de «NO a las multas»

La ironía no se perdona. Un tipo fue sancionado por llevar una pegatina considerada «mensaje ofensivo hacia la autoridad». Y claro, eso se multa.

MORALEJA: Si no quieres que te multen, conduce con las dos manos, sin chanclas, sin empanadillas, con matrícula reluciente... y sin pasarte de listo con las pegatinas.

EL ANTIRROTONDAS

Para esta persona, una rotonda no es una glorieta... es un **laberinto psicológico**. No sabe cuándo entrar, no sabe cuándo salir y, mientras lo piensa, paraliza media ciudad. Gira en bucle, duda, frena y colapsa... emocional y mecánicamente. A la larga, desarrolla rutas alternativas **solo para esquivarlas**. Si pudiera, pondría en el GPS: «Evitar rotondas y enfrentamientos existenciales».

EL BOCINAS

Su coche no tiene claxon, tiene **botón de desahogo**. Pita por todo: si alguien tarda medio segundo en arrancar, si hay tráfico, si un pájaro lo mira mal. Cree que el sonido del claxon soluciona conflictos, despeja atascos y cura la ansiedad..., aunque lo único que hace es generar más. Se enfada por cosas que él mismo hace, y su claxon suena más que su *playlist*. El «¡PIIIIII!» es su **idioma nativo**.

EL ENVIDIOSO

Conduce un coche modesto, pero siente que el mundo le debe algo. Cada vez que pasa cerca de un coche que le gusta, lanza un **comentario mordaz** sobre el dueño. «¿Ves ese? Seguro que le costó el triple de lo que vale este coche» o «Ese debe de estar pagando el coche a plazos, como todo el mundo». En el fondo, lo que le molesta es que él no puede permitirse el lujo de conducir ese coche. Así que, para **aliviar su frustración**, se inventa historias y hace críticas destructivas, pero con el único fin de sentirse mejor consigo mismo. La envidia, como siempre, camuflada de «realismo».

EL QUE NO USA LOS INTERMITENTES

Conduce con la seguridad de un médium: cree que los demás **adivinan sus intenciones**. Girar sin señalizar es su rutina diaria. Pero ojo: si otro no pone el intermitente, se indigna como si le hubieran robado la plaza de garaje. Suele ir en coche alemán, y cuando activa el intermitente por accidente **se asusta**: «¿Qué es ese sonido extraño?». Solo los usa si hay un coche de policía cerca. Por si acaso el don de la telepatía no funciona ese día.

SEÑALES QUE EXISTEN (Y QUE NADIE USA COMO TOCA)

Porque no todo es pisar el pedal. También hay que comunicar, ¿no? Estas señales están en el manual, pero parece que vienen con tinta invisible:

El intermitente al adelantar

No es un adorno navideño. Es obligatorio. Sirve para avisar que vas a cambiar de carril. Aunque lo hagas «rápido y seguro», sigue siendo ilegal hacerlo sin señalizar. Y sí, te pueden multar.

El intermitente al entrar o salir de una rotonda

Sí, hay que usarlo. No es una decoración opcional. Señalizar cuándo sales de la rotonda salva vidas (y evita insultos por la ventanilla).

Luces de emergencia en atascos

Están para situaciones excepcionales, no para decir «qué rabia, estoy parado». Úsalas si frenas bruscamente o hay riesgo real. No porque llegas tarde.

La mano levantada como disculpa
No está en la ley, pero debería estar en la Constitución. Sirve para pedir perdón si la lías. Y, a veces, evita una pelea.

El *warning* de cortesía al dejarte pasar
Ese toque rápido de las luces de emergencia para decir «gracias, crac». Civilización pura sobre cuatro ruedas.

3. LOS OBSESIVOS DEL ORDEN

EL MANIÁTICO DEL AJUSTE FINO

Todo está milimetrado. Asiento, radio, aire. Si lo tocas, **lo nota**. Y se enfada. Y te baja del coche.

EL «AQUÍ NO SE COME»

Su coche es un templo. Comer, beber o mascar chicle dentro **es sacrilegio**. Si se le cayera a alguien una miga, haría gala de un perfecto control neuromuscular y una extraordinaria motricidad fina y recolectaría la miga como si se tratara de un **material nuclear**.

EL MANIÁTICO CLÁSICO

Todo en su coche sigue una **lógica sagrada** que solo él entiende. El volumen de la radio debe estar en número par. La temperatura del aire, siempre a 21 grados exactos (ni 20 ni 22, 21 o se viene abajo). Los retrovisores tienen que estar perfectamente simétricos o el trayecto queda oficialmente suspendido. Si alguien mueve algo, aunque sea un milímetro..., lo nota, lo sufre y lo reajusta antes de arrancar.

Para él, conducir no es moverse de A a B: es mantener **el orden cósmico** del habitáculo.

EL RUIDOS

Viajar con él es como participar en una sesión de **espiritismo mecánico**. De repente, baja la música con cara seria y suelta: «¿Has oído eso? Ese ti-ti-ti-ti-ti... Luego hace rus-rus-rus justo cuando suelto el acelerador».

Tú no oyes nada. Absolutamente nada. Pero él lo escucha todo. Tiene el oído más fino que un mecánico con superpoderes... o eso cree. Convive con sonidos que nadie más percibe y los describe como si estuviera narrando **psicofonías del motor**. Lo peor es que te obliga a estar en silencio los últimos quince minutos del trayecto... para escuchar su ruido fantasma.

EL *DETAILER*

Su coche brilla tanto que **puedes afeitarte** viéndote en el capó. Va más limpio su coche que él, y gasta más en productos de *detailing* que en la compra del súper. Lava el coche cada dos días (aunque no esté sucio), y aspira con tanta frecuencia que la aspiradora se ha convertido en su tercera mano y su tercer pulmón.

Se pasa más tiempo limpiando que conduciendo. Lo que para el resto del mundo es una «limpieza a fondo», para él es solo **el principio del desastre**. Si alguien entra con las suelas mojadas... activa el protocolo de descontaminación.

¿ERES UN DETAILER EN FASE AVANZADA?

Haz este test rápido. Si respondes «sí» a más de cuatro... tenemos que hablar (y quizá aspirar).

1. ¿Has nombrado a tu coche?
2. ¿Tienes más productos de limpieza en el maletero que herramientas?
3. ¿Has dicho alguna vez la frase «eso no es polvo, es contaminación ferrosa»?
4. ¿Tu coche está más limpio que tu habitación? ¿Y que tu alma?
5. ¿Limpias los pedales, el maletero y la junta de las puertas... cada semana?
6. ¿Has aspirado el coche antes de un trayecto de menos de cinco kilómetros?
7. ¿Te molesta que alguien entre con zapatos «de la calle»?
8. ¿Consideras que lavar el coche es una actividad espiritual?
9. ¿Te has enfadado al ver huellas en el salpicadero... tuyas?

RESULTADOS

- **0–3:** Usuario normal con amor propio.
- **4–6:** *Detailer* funcional. Te respetamos, pero no queremos comer en tu coche.
- **7–8:** Nivel microfibra suprema. Tu coche es tu templo. Y nosotros..., tus pecadores.

4. LOS QUE VAN A TOPE

EL *DRIFTER* DEL APARCAMIENTO

Le han quitado el carnet más veces que repostajes ha hecho este año. **Derrapa en rotondas**, en aparcamientos de supermercado y, si pudiera, en la rampa del garaje de su casa. Suele montar neumáticos recauchutados «porque van mejor para cruzar el coche»... y para reventarlos en dos tardes.

Graba vídeos para redes con música épica, humo artificial y una conducción que da más miedo que respeto. Busca patrocinadores como quien colecciona pegatinas, pero la mayoría de sus seguidores son bots o su primo. En su biografía de Instagram pone «piloto *amateur*» o directamente «DRIFTER» en mayúsculas, aunque no sabría llevar ni una carretilla con tracción trasera.

Ha ido una vez a circuito. Entró por la puerta grande y salió... **en grúa**. El coche volvió con más piezas rotas que seguidores nuevos. Y, aun así, cada vez que le pone un *lip*, una barra o una pegatina, dice con orgullo: «Esto me va a hacer derrapar mejor».

EL MÚSICO

El coche no arranca si no **suena algo**. Literalmente. Su ritual de conducción empieza con *play* y termina cuando se le acaban las canciones (o la ruta). El volumen está tan alto que mantener una conversación es un acto heroico. Si hablas, no se te oye. Si gritas, molestas al solo de guitarra.

Canta absolutamente todo. Incluso **los temas que odia**. Y si no se sabe la letra, se la inventa con convicción. En su coche no hay trayectos: hay conciertos. Tú vas de copiloto; él es la estrella del escenario.

EL TORETTO

Todos llevamos un Toretto dentro. Lo notamos sobre todo después de ver *Fast & Furious* o cualquier vídeo de tandas en circuito. Pero hay gente que lo deja salir cada vez que **enciende el coche**, aunque sea un Opel Corsa de 2005 con elevalunas manuales.

Mete marchas como si estuviera peleándose con la palanca. Hace reducciones agresivas aunque vaya a recoger el pan. Adelanta a señores de 80 años en rectas de 200 metros como si estuviera ganando la final de Le Mans. Cree que el doble embrague es obligatorio, aunque su coche no lo necesite, y que el punta-tacón es la base de la conducción urbana. Las pegatinas de «JDM», «Nürburgring» o «NO FAT CHICKS» en el cristal trasero le dan +5 caballos **imaginarios**. Y si hay alguien al lado en el semáforo, adopta pose seria, mira al frente y agarra el volante con más fuerza. Porque ese semáforo es su cuarto de milla.

FRASES QUE SOLO DIRÍA UN TORETTO DE BARRIO

- «Eso no era una carrera, *bro*, iba en modo *chill*».
  Justo después de picarse en el semáforo como si fuera la Fórmula 1.
- «Ha ganado porque le he dejado, no quería humillar».
  Clásico. Siempre hay una excusa para justificar la derrota.
- «Le puse esta pegatina y me subió la respuesta en bajas».
  Sí, claro. La aerodinámica de un adhesivo es poderosa.
- «Mi coche no suena fuerte, suena fino».
  Mientras vibra hasta el retrovisor interior.
- «Si me pillas de tramo , ahí sí que te enseño cómo va».
  Spoiler: nunca llega ese tramo. O no lo pillas. O el coche no arranca.

5. LOS DE TRANQUILIDAD ABSOLUTA

EL LENTO FILOSÓFICO

Va a 60 por autovía y a 30 en ciudad. Cree que **la prisa mata**. Los demás piensan que no debería conducir.

Conduce como si su coche tuviera un modo «ahorro de vida». Nunca supera el 50 por ciento de la velocidad permitida, ni cuesta abajo y con viento a favor. Da igual que haya una cola de coches detrás, él va tranquilo, disfrutando del paisaje... y de tu desesperación.

No adelanta jamás. Cree que la prisa es una enfermedad moderna. Se rumorea que una vez alcanzó el límite de velocidad en autovía, pero fue en bajada, sin querer, y **lo pasó fatal**. Desde entonces, jura que «mejor llegar tarde que llegar al límite».

EL RESALTOS

Detecta un badén a 300 metros y empieza la maniobra como si fuera un control de **seguridad aérea**. Reduce de cuarta a primera, pisa el freno como si hubiera un bebé durmiendo en el capó y cruza el resalto a 3 km/h... mientras tú ya estás pensando en bajarte a empujarlo. Cree que, si los toma a más de 5 km/h, se **desintegra** el coche.

EL QUE CONDUCE ACOSTADO

Va tan tumbado que parece que pilota desde **el maletero**. Desde fuera, no se le ve. Desde dentro, apenas llega al volante. Pero si le preguntas, siempre responde lo mismo: «Voy comodísimo». A veces es por estilo, otras por necesidad (mide dos metros y el coche es un Twingo), pero siempre da la sensación de que, si frenara fuerte, seguiría deslizándose hasta el maletero.

EL MÓVILES

Este conductor tiene el móvil pegado a la mano como si fuera **una extensión** de su cuerpo. Mientras conduce, está en Instagram, revisando WhatsApp, o mirando docuseries como si estuviera en el sofá de su casa. Responde a todas las notificaciones con la misma tranquilidad que si estuviera sentado en su salón, sin prestar atención a los semáforos ni a los pasos de peatones. Nunca le multan, ¿por qué? Porque tiene **el superpoder** de ser tan rápido que siempre está un paso por delante o completamente distraído. Nadie parece ver el móvil en su mano, ni siquiera los agentes.

EL LLUVIAS

Conduce normal hasta que cae la primera gota. Entonces, se transforma: se tensa, activa las luces largas, reduce la velocidad **un 70 por ciento** y entra en modo alerta roja. Siempre repite la misma frase: «Las primeras gotas son las más peligrosas». (No sabemos si lo leyó en un manual o lo aprendió en *Cuarto Milenio*).

Nunca admite que lleva las ruedas en mal estado, pero los sustos que se lleva «no son culpa suya». Según él, la carretera estaba mal. O el coche. O la física. Pero la lluvia... la lluvia **siempre** tiene la culpa.

KIT EMOCIONAL DEL LLUVIAS

Lo que lleva siempre en el coche cuando el cielo se pone gris:

- **Trapo para el vaho (nivel abuela).**
  Uno para el parabrisas. Otro para los retrovisores. Otro «por si acaso».
- **Par de rosarios o pulserita de la suerte.**
  La seguridad divina nunca está de más.

- **Aplicación del tiempo abierta en segundo plano.**
  Actualizada cada tres minutos por si «empeora de golpe».
- **Botella de agua (por contradicción poética).**
  Porque no hay ironía más grande que tener sed mientras todo fuera está mojado.
- **Excusa lista:**
  «Yo reduzco porque no me fío de los demás, no por mí».

CONSEJO:
Si ves que empieza a chispear y el coche que tienes delante baja de 90 a 35 km/h en dos segundos... ya sabes quién va dentro.

6. *LOS CREATIVOS / DESASTRE*

EL «MIENTRAS ANDE, ANDA»

Conduce un coche que es una mezcla entre un tractor y una **reliquia de museo**. Lleva ruedas de diez euros, caducadas y con más parches que un mapa del tesoro, seis mechas en cada rueda y una dirección que solo responde cuando le da la gana. Los *silentblocks* están tan viejos que ya no bloquean nada y el aceite del motor tiene más kilómetros que el barco de un espetero en Málaga.

Lo peor: si le preguntas por el estado de los frenos, te responde que «frenan lo justo». Eso sí, siempre va con el depósito **en reserva**, porque según él, «si no va en reserva, pesa más». Y cuando le preguntas si le ha cambiado el aforador, te suelta: «No, esta vez le eché gasolina directamente».

EL ITV

Para él, pasar la ITV es **una traición** a sus principios. Solo la pasa si se la lleva el mecánico o si compra un coche que ya viene con ella «de regalo». Según su teoría: «Todas las ITV son una mafia. Te tumban por deporte».

Cree firmemente que su coche está perfecto aunque tenga el escape colgando y las luces parezcan de feria. Y si le paran, siempre tiene la frase lista: «Justo esta semana tengo cita, ¿eh?», con la esperanza de que eso desactive al agente como si fuera **un hechizo**.

¿Su frase favorita? «¿Cómo puede no estar apto de un día para otro si ayer iba perfecto?».

EL PELOS *EVERYWHERE*

En su coche hay más pelos que en la cama de un refugio. Cada rincón está cubierto de pelusa, y si abres el maletero, parece que hayas dejado entrar a toda **una manada** de animales. Su coche es el lugar donde las mascotas se sienten como en casa: cómodo, acogedor y lleno de pelos. Pero no lo disfruta; se queja constantemente, diciendo que esos pelos se clavan como agujas y que no hay forma de quitarlos. Ni siquiera con un rodillo adhesivo. No importa cuántas veces pase la aspiradora, los pelos siempre vuelven y la batalla es **eterna**.

EL BORDILLAZOS

Cada vez que se acerca a un bordillo, se tensa como si fuera a atravesar un **campo minado**. Sabe que no puede subirse sin que el coche haga un estruendo de película. Las llantas marcan la acera con un sonido que parece un trueno, y el coche rebota como si estuviera saltando una rampa. Siempre, SIEMPRE, mira hacia ti con **cara de pánico** y dice «¡Uy!», como si fuera la primera vez que lo hace, aunque ya sea la número mil.

EL QUEMAEMBRAGUES

Cada vez que arranca en primera, el embrague grita por piedad. Sabe que lo está destruyendo, pero se hace **el loco**. Es como si tuviera una relación tóxica con el pedal: lo pisa con tal fuerza que el desgaste es un asunto personal. Deja el pie encima del pedal, como si fuera un descanso de su jornada, pero en realidad lo único que está descansando es **su paciencia**. Él siempre dice que «el embrague está bien», pero en el fondo sabe que debería cambiarlo. Lo que no sabe es que su coche lo está sintiendo... y lo está pagando caro.

EL «POR SI ACASO»

Este conductor es un adelantado a su tiempo, pero en el peor sentido. **Cambia todo** por si acaso: si se le estropea un *silentblock* del brazo de suspensión, no se molesta en cambiar solo el *silentblock*... ¡cambia todo el brazo! Las ruedas aún tienen un 90 por ciento de vida, pero decide cambiarlas por si acaso y porque, claro, la ITV podría suspenderlo por tener un desgaste «injusto». Cuando le preguntas por el estado de los frenos, te responde que «están a punto de llegar al testigo, pero mejor los cambio ahora, por si acaso». Es el rey de las **precauciones excesivas**. No hay desgaste que no le asuste. Ni avería que no prevenga.

EL RASCAZOS

Cada vez que lo ves, su coche tiene un **nuevo arañazo**, pero él no tiene ni idea de cómo ha llegado allí. «No sé de dónde vino», dice, mientras mira el coche como si fuera un enigma sin resolver. Lo peor de todo es que esos arañazos siempre aparecen en lugares donde nadie debería haberlo tocado, como en el costado o la puerta. Normalmente, es culpa de «los otros», pero **nunca recuerda** qué pasó. ¿La verdad? Probablemente haya tenido una lucha con el bordillo. O con su propio ego.

EL QUE NO SE SABE LAS CANCIONES

Es el alma de la fiesta y eso que no se sabe ni una letra. Canta con **todas sus ganas**, pero sin tener ni idea de lo que está diciendo. La letra cambia a su antojo, como si fuera un *remix* personal. Y cuando se da cuenta de que se ha equivocado completamente, empieza a cantar bajito, como si así pudiera disimularlo. Spoiler: no lo consigue. Pero no importa: sigue cantando, con el mismo entusiasmo y con la esperanza de que nadie se dé cuenta. ¿El resultado? Un **concierto privado** donde todo el mundo sabe que no se sabe ni una palabra, pero nadie se atreve a interrumpir.

EL «¿QUÉ ERA ESO?»

Se sacó el carnet sin haber **visto jamás** un manual de señales. En el examen, le hicieron todo tipo de preguntas menos sobre lo que realmente importa: las señales de tráfico. No sabe ni lo básico y siempre va preguntando «¿Y eso qué significa?», mientras indica una señal como si estuviera en un idioma extraterrestre. La rotonda es su peor pesadilla y el ceda el paso le parece una **invitación al caos**. A veces lo ves frenando, con cara de «¿Qué hago ahora?», y esperando que alguien le dé la señal para proceder.

EL GRÚAS

Este conductor es el **cliente favorito** de las grúas. Cada tres meses tiene que hacer una llamada para que le recojan el coche y lo lleven al taller. La aseguradora ya no sabe qué hacer con él: produce más gastos que beneficios. Ha probado a poner el coche a nombre de otra persona, pero ni así consigue que lo aseguren. ¿El motivo? El coche está tan destrozado que incluso el seguro lo considera «de colección», pero no en el buen sentido. Su coche es una reliquia en **constante reparación**: funciona hasta que deja de funcionar.

EL MODIFICACIONES *RANDOM*

Es el campeón del *tuning*, pero su cuenta bancaria le dice **otra cosa**. Se gasta el 90 por ciento de su sueldo en piezas para el coche, convencido de que cada modificación le da más potencia. La realidad es que lo único que consigue es perder caballos, pero él no se detiene: siempre hay una nueva pieza, una nueva mejora. Si hace falta, pide dinero prestado a la familia.

Lo mejor: cada vez que pone una pegatina nueva, sube una foto a las redes como si estuviera cambiando el motor entero. Y se toma su coche tan en serio que considera cada tornillo **una actualización** de software.

¡El coche es su vida! (Y el banco de su familia, su salvavidas).

TOP 5 DE PIEZAS INNECESARIAS QUE CAMBIA EL MODIFICACIONES TODOS LOS MESES

Porque, al final, **más no siempre es más**. Estas son las piezas que **el Modificaciones *Random*** compra con el 90 por ciento de su sueldo... pero que realmente no aumentan la potencia ni la velocidad, solo su orgullo.

Alerón de fibra de carbono

No, no tiene un coche de carreras. No, no lo va a llevar a circuito. Pero **el alerón más grande del mundo** siempre ayuda a que su coche **se vea más rápido** mientras se lleva viento por los lados.

Filtro de aire deportivo

El coche sigue siendo un diésel de 90 CV, pero con el **filtro de aire** *racing* el sonido del motor ahora es «más deportivo». Aunque realmente solo hace que suene como una aspiradora cara.

Ruedas de perfil bajo (más planas que su cuenta bancaria)

Aunque no necesite mejorar la tracción, decide que unas ruedas de **perfil 20** le dan un toque más *racing*. El problema es que ahora no puede pasar un bache sin que las llantas se queden atrapadas en el suelo.

Tapón de gasolina personalizado

Este detalle aumenta **la potencia en un 0,000001 por ciento**, pero es personalizado con llamas y el logo de *Fast & Furious*. No importa que el coche no lo necesite, se lo pone porque «estilo, *bro*».

Kit de luces led bajo el coche

No, no es un coche de club nocturno, pero con el reflejo de **las luces led** en el suelo es como si estuviera en un **videojuego de carreras**. Ahora solo falta que se mueva a la velocidad de la luz.

7. LOS DEL COMBUSTIBLE DRAMA

EL REPOSTAJES DE CINCO EUROS

Este conductor tiene una **relación complicada** con la gasolina. Cada vez que va a repostar, pone solo cinco o diez euros. Nunca más. Cuando el depósito está a punto de tocar fondo, promete que mañana lo llena. Pero mañana nunca llega. Hoy se arrastra al límite, casi se queda sin gasolina, y el día siguiente siempre empieza con una excusa: «¿Y si lo repongo luego?». Pero claro, **el ciclo continúa** y, al final, siempre acaba yendo a la gasolinera cuando ya casi va tarde para llegar a su destino. ¿La lección? Siempre deja el viaje para el último minuto, pero el coche siempre sabe recordarle que el combustible no es infinito.

EL TANQUE *FULL* SIEMPRE

Para él, «lleno» no es solo una palabra, es **un mandato**. No importa que acabe de recorrer 30 km; si pasa cerca de una gasolinera, su destino está claro: rellenar hasta el último mililitro del tanque. El concepto «un cuarto de depósito» no existe en su vocabulario. Siempre tiene que estar lleno; si no, siente que **está fallando** en su deber. En cuanto se acerca al surtidor, su orden al dependiente es siempre la misma: «Lleno, por favor». No importa que el depósito esté casi a la mitad, para él nunca es suficiente.

EL CUPONES PRO

Este conductor no va a cualquier gasolinera, solo a aquella que le ofrezca **el descuento perfecto**. Cada vez que llena el tanque, lo hace con un cupón, una app o un código QR que encontró por internet. Si no tiene promoción, no hay repostaje. Solo echa donde hay descuento. Va a la otra punta de la ciudad por **tres céntimos** menos. Respeto absoluto.

EL RESERVAS

Este conductor siempre va en reserva y no porque se le olvide, sino porque cree que llenar el tanque hace que el coche pese más y **gaste más**. Para él, es una cuestión de economía: ¿por qué gastar más si puede ir hasta el límite? Y cuando debe ir a repostar, siempre tiene una excusa: «Mejor vamos en tu coche, ¿no? Así no tengo que parar en la gasolinera». Es un rata del combustible, y siempre que le propones **llenar su coche**, te responde con una sonrisa: «Mejor lo dejo para otro día».

EL OBSESO DEL GPS

Usa el GPS para encontrar las rutas más económicas para gastar poco en combustible, en peajes y en **absolutamente todo** lo que se pueda. Hay conductores que solo miran la realidad a través de la pantalla de su GPS.

CURIOSIDADES

En 2011, un grupo de conductores en Rusia confió tanto en su GPS que acabaron cayendo al río. ¿Cómo? El sistema de navegación los guio a un puente en ruinas, que ya no existía en el mapa de la realidad, pero sí en el del GPS. Sin tener en cuenta las condiciones del terreno, los coches siguieron las indicaciones de su dispositivo hasta que el puente desapareció bajo ellos, literalmente.

Este accidente dejó claro un peligro que todos conocemos: el GPS no siempre sabe lo que está pasando fuera del coche. No basta con confiar ciegamente en los sistemas de navegación, porque, a veces, la tecnología puede ser una gran mentira cuando se enfrenta a lo físico.

¿CONDUCES MEJOR QUE LA MEDIA? SPOILER: PROBABLEMENTE NO.

«¡Estoy por encima de la media!», dicen casi todos. Y lo cierto es que casi todo el mundo lo cree. Más del 90 por ciento de las personas afirman conducir mejor que la media. Pero claro, eso es estadísticamente imposible. Alguien miente. O se flipa.

Lo curioso es que esta sobreestimación es más común entre quienes peor lo hacen. Y, por el contrario, quienes creen que no destacan demasiado suelen hacerlo bastante bien. ¿Por qué? Quizá por el síndrome del impostor: dudan de sí mismos, se esfuerzan más y acaban rindiendo mejor.

En un estudio realizado por Gerald Häubl (Universidad de Alberta) e Isabelle Engeler (Universidad de Navarra), se analizó esta percepción en una carrera de montaña. Los que creían que lo harían fatal, lo clavaban. Los que se veían ganando, muchas veces se estrellaban.

MORALEJA:
Si crees que conduces «solo bien», probablemente conduzcas muy bien. Si te crees un piloto, cuidado al entrar en la rotonda.

¿? DESCUBRE TU ESTILO AUTOMOVILÍSTICO

Test definitivo para fliparte sin pudor (y sin miedo al juicio social).

Porque todos tenemos un estilo. Algunos lo niegan, otros lo disimulan y los mejores lo celebran con alerones, pegatinas y fundas del volante que harían llorar a un diseñador industrial.

Responde estas preguntas con sinceridad brutal. Suma tus puntos y descubre qué tipo de conductor-tuneador eres.

1. **¿Qué sueles hacer justo después de lavar el coche?**
   - **a.** Le saco fotos como si fuera un recién nacido. (3 puntos)
   - **b.** Me doy una vuelta por el centro. A cámara lenta. (2 puntos)
   - **c.** Lo dejo aparcado y rezo para que no le cague una paloma encima. (1 punto)
   - **d.** ¿Lavar? ¿Eso se hace? (0 puntos)

2. **¿Qué opinas de los alerones?**
   - **a.** Si no me da sombra en verano, es que es pequeño. (3)
   - **b.** Me gustan si están bien puestos. (2)
   - **c.** Solo si vienen de fábrica. (1)
   - **d.** Un alerón es una mesa en la que nunca comerás. (0)

3. **¿Cuál fue tu primera modificación?**
   - **a.** Cambié el pomo y salí a probarlo como si tuviera nitro. (3)
   - **b.** Le puse vinilo a algo. Mal, pero lo intenté. (2)
   - **c.** Le colgué un ambientador con forma de pino. (1)
   - **d.** Lo único que cambié fue de coche. (0)

4. **Cuando escuchas un ruido raro en tu coche...**
   - **a.** Bajo la música y empiezo a describir el ruido con onomatopeyas. (3)
   - **b.** Le subo la música. Si no lo oigo, no existe. (2)
   - **c.** Voy al taller, pero sin mirar a los ojos al mecánico. (1)
   - **d.** Pienso que es psicológico. O mi conciencia. (0)

5. **¿Cómo llevas el maletero?**
   - **a.** Maletín de herramientas, cinta americana, bridas, aceite, agua... y espacio para una mudanza. (3)
   - **b.** Solo llevo lo justo. Pero lo justo incluye un arrancador. (2)
   - **c.** Una pelota de fútbol, una chaqueta y un cargador del móvil roto. (1)
   - **d.** Está vacío. Es mi zona zen. (0)

6. **¿Qué haces cuando ves un túnel?**
   - **a.** Reduzco, piso y que suene la gloria. (3)
   - **b.** Le subo el volumen al escape sin que se note mucho. (2)
   - **c.** Mantengo velocidad, que no soy un animal. (1)
   - **d.** Me da miedo que suene algo raro. (0)

7. **¿Qué importancia tiene para ti el interior del coche?**
   - **a.** Todo. Si no me siento como en un avión privado, no quiero. (3)
   - **b.** Detalles. Volante, pomo, luces led con gusto. (2)
   - **c.** Que no esté roto ya es bastante. (1)
   - **d.** Si no huele mal, me sirve. (0)

8. **¿Tu relación con la ITV?**
   - **a.** Paso la ITV como quien cruza Mordor. (3)
   - **b.** Quito cosas, las vuelvo a poner. Todo es temporal. (2)
   - **c.** Cruzo los dedos. (1)
   - **d.** ¿Eso cada cuánto se pasa? (0)

9. **¿Cómo reaccionas cuando alguien te dice «ese coche no vale la pena»?**
   - **a.** Le enseño una foto del proyecto final. Aunque no exista todavía. (3)
   - **b.** Digo «es lo que hay» y sonrío. (2)
   - **c.** Me pica. Pero luego lo pienso. (1)
   - **d.** Le doy la razón. (0)

10. **¿Cómo eliges una modificación?**
    - **a.** Con tabla Excel, presupuesto y consulta a los colegas. (3)
    - **b.** Veo dos vídeos de YouTube y me lanzo. (2)
    - **c.** Lo pienso. Mucho. Hasta que no hago nada. (1)
    - **d.** Me la regalan. O no la hago. (0)

RESULTADOS

Entre 25 y 30 puntos

EL VISIONARIO

No tienes un coche. Tienes un proyecto vital. Vives por y para el *tuning*. Has dicho «esto me lo hago yo» más veces que «gracias». Tienes una carpeta con ideas. Y otra con multas.

Entre 17 y 24 puntos

EL AVENTURERO CON CABEZA

Te gusta meterle mano al coche, pero sin perder la sensatez. Has probado, has fallado, has aprendido. Sabes lo que es homologar, pero prefieres evitarlo. Y tus *mods* suelen tener sentido.

Entre 9 y 16 puntos

EL OBSERVADOR INQUIETO

Te interesa, te llama, te mola..., pero todavía no has dado el salto. Eres más de ver lo que hacen otros. Aún no has roto nada. Pero tranquilo: ya te llegará tu momento glorioso con un pomo mal enroscado.

Entre 0 y 8 puntos

EL MÍSTICO DEL COCHE DE SERIE

No modificas. No tuneas. Y eso también es un estilo. A veces te miras el coche y piensas: «¿Y si le...?». Pero luego se te pasa. Y oye, que siga así. Tu coche dura más. Pero te lo miran menos.

¿Y tú? ¿Quién eres de verdad?

La respuesta está en el garaje.
O en la cesta de la compra online donde tienes guardado ese pomo nuevo desde hace semanas.

RANKING DE LOS CONDUCTORES MÁS ODIADOS

Y MÁS QUERIDOS

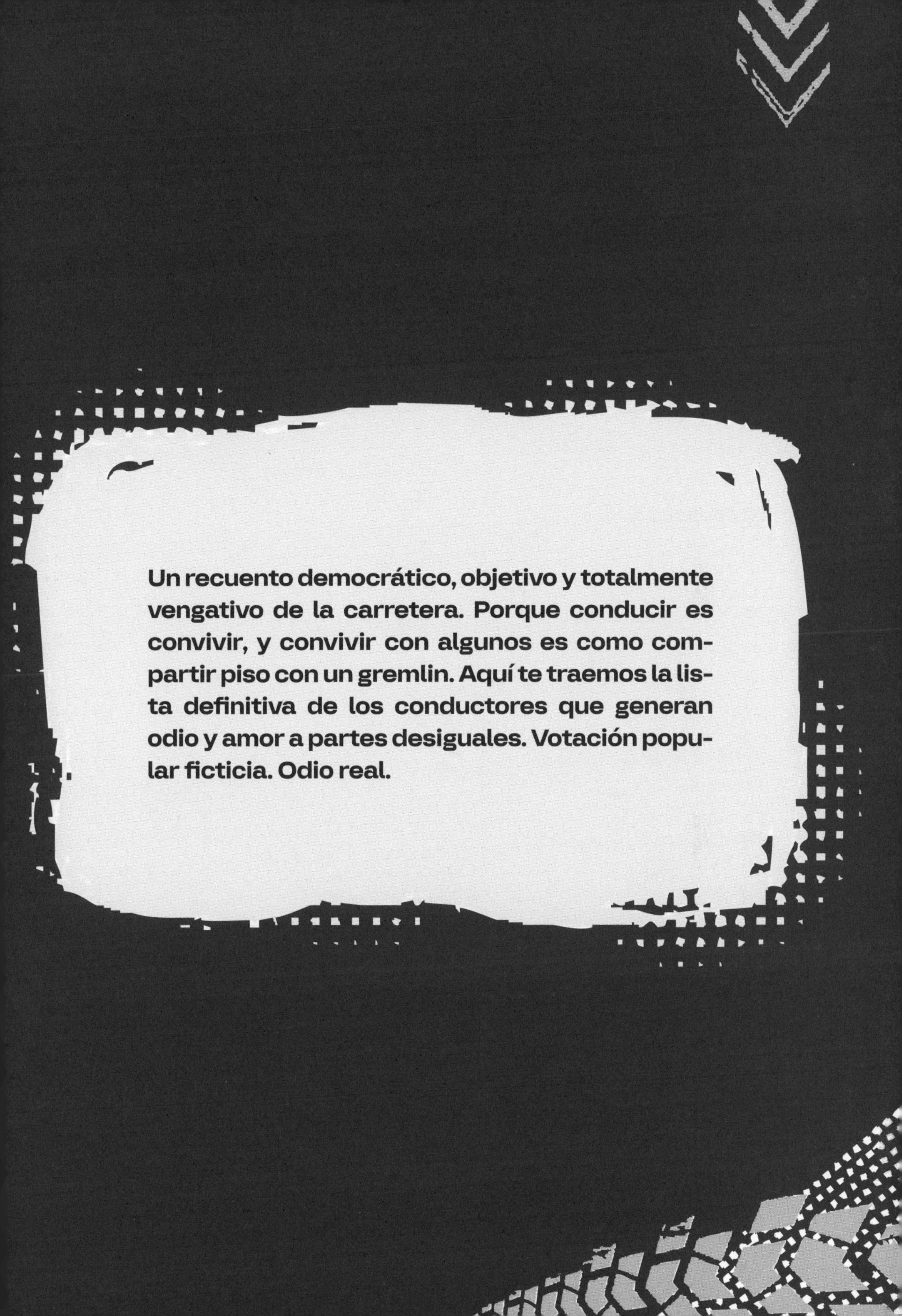

Un recuento democrático, objetivo y totalmente vengativo de la carretera. Porque conducir es convivir, y convivir con algunos es como compartir piso con un gremlin. Aquí te traemos la lista definitiva de los conductores que generan odio y amor a partes desiguales. Votación popular ficticia. Odio real.

1. LOS MÁS ODIADOS

EL QUE NO PONE INTERMITENTES

Motivo:	Cree que todos somos adivinos.
Nivel de crispación que genera:	10/10
Comentario popular:	«Solo pone el intermitente si lo sigue la Guardia Civil».
Subespecie:	El conductor alemán que te mira mal si tú sí los usas.

EL QUE APARCA MAL OCUPANDO DOS PLAZAS

Motivo:	Cree que su coche es tan especial que necesita espacio vital.
Nivel de furia provocada:	9,8/10
Comentario popular:	«Y encima es un Ibiza gris de 2007. Ni que fuera un Pagani».
Solución sugerida:	Curso exprés de sentido común. Y líneas de aparcamiento más estrechas como castigo.

EL DE LA BOCINA FÁCIL

Motivo:	Cualquier excusa es buena para pitar.
Nivel de sobresalto que causa:	9/10
Comentario popular:	«Se comunica con el claxon. Es su idioma nativo».
Variante peligrosa:	El que pita antes de que el semáforo se ponga en verde.

EL QUE VA EN EL CARRIL CENTRAL A 90 KM/H

Motivo:	Lleva quince kilómetros ahí. Y no piensa moverse.
Nivel de desesperación generado:	8,7/10
Comentario popular:	«Tiene miedo del arcén. Cree que el carril de la derecha muerde».
Peor aún:	Si va hablando con el manos libres y se cree que está en su salón.

EL CONDUCTOR «MULTIMEDIA MULTITAREA»

Motivo:	Reproduce vídeos, manda notas de voz, lee correos y, a veces, conduce.
Nivel de riesgo que representa:	8,5/10
Comentario popular:	«El coche es su oficina. Lástima que tú estés en su carretera».
Subespecie extrema:	El que graba stories mientras cambia de marcha.

EL QUE FRENA SIN MOTIVO

Motivo:	No sabe muy bien qué está pasando. Así que frena.
Nivel de riesgo que representa:	8,3/10
Comentario popular:	«Frena por precaución. También respira por si acaso».
Posible explicación:	Ha visto una sombra. O un pensamiento.

EL QUE SE TE PEGA AL CULO

Motivo:	Cree que así vas a ir más rápido.
Nivel de presión psicológica inducida:	8,2/10
Comentario popular:	«¿Quieres pasar? ¡Dame el número, que ya estamos saliendo!».

2. LOS MÁS QUERIDOS

EL QUE AVISA DE LOS RADARES CON LAS LUCES

Motivo:	Hermano en la fe de la gasolina.
Nivel de agradecimiento eterno:	10/10
Comentario popular:	«No te conozco, pero te invito a mi boda».
Santo patrón:	San Cortesía de Tráfico.

EL QUE APARCA LEJOS PARA NO RAYAR NI RAYARTE

Motivo:	Respeto supremo por la chapa.
Nivel de madurez demostrada:	9,8/10
Comentario popular:	«Se sacrifica. Camina. Pero su coche duerme en paz».
Heroicidad silenciosa:	Nadie lo ve, pero todos se benefician.

EL QUE LLEVA HERRAMIENTAS PARA AYUDAR A OTROS

Motivo:	Héroe de carretera.
Nivel de utilidad práctica:	9,5/10
Comentario popular:	«No lo esperas, pero aparece. Y arregla cosas».
Subcategoría:	El que lleva hasta bridas, gato, y espray multiusos «por si acaso».

EL QUE DEJA PASAR CON UNA SONRISA

Motivo:	Hace fluir el tráfico y el karma.
Nivel de utilidad práctica:	9,3/10
Comentario popular:	«Me dejó pasar. Lloré».
Bonus extra:	Si además saluda amablemente. Entonces ya, llévame a casa.

EL CONDUCTOR TÉCNICO QUE NO DA SUSTOS

Motivo:	Sabe frenar, sabe girar, no da bandazos.
Nivel de tranquilidad que transmite:	9/10
Comentario popular:	«No sabes quién es, pero quieres que todos sean como él».
Perfil habitual:	Lleva el asiento en la posición exacta. Y el coche limpio.

EL QUE LIMPIA EL COCHE ANTES DE RECOGERTE

Motivo:	Detalle que dice mucho.
Nivel de elegancia oculta:	8,8/10
Comentario popular:	«Quita los pelos del perro, el ambientador huele bien y la radio está a un volumen humano».
Rara avis:	Solo hay uno por cada cien.

1. **Tu coche está sucio, ¿qué haces?**
   - **a.** Llamar al lavadero prémium con cita previa.
   - **b.** Agua, jabón y dos horas de amor propio.
   - **c.** ¿Sucio? Si no veo el color, mejor.
   - **d.** Le paso un trapo... con arena.

2. **Vas por una rotonda y...**
   - **a.** Tomas la salida perfecta, sin esfuerzo.
   - **b.** La rodeas como en *Fast & Furious*.
   - **c.** Frenas y entras cuando ya no hay coches.
   - **d.** ¿Qué es una rotonda?

3. **¿Cuándo revisas el aceite?**
   - **a.** Cada quince días.
   - **b.** Cada dos meses.
   - **c.** Cuando huelo a quemado.
   - **d.** ¿Hay que revisarlo?

RESULTADOS

- **Mayoría A:** Técnico nivel Jedi.
- **Mayoría B:** Entusiasta con estilo.
- **Mayoría C:** ¡Te vamos a ayudar!
- **Mayoría D:** No deberías estar conduciendo. O sí, pero con casco.

GUÍA DE SUPERVIVENCIA PARA COPILOTOS

SEGÚN EL CONDUCTOR QUE TE TOQUE AGUANTAR

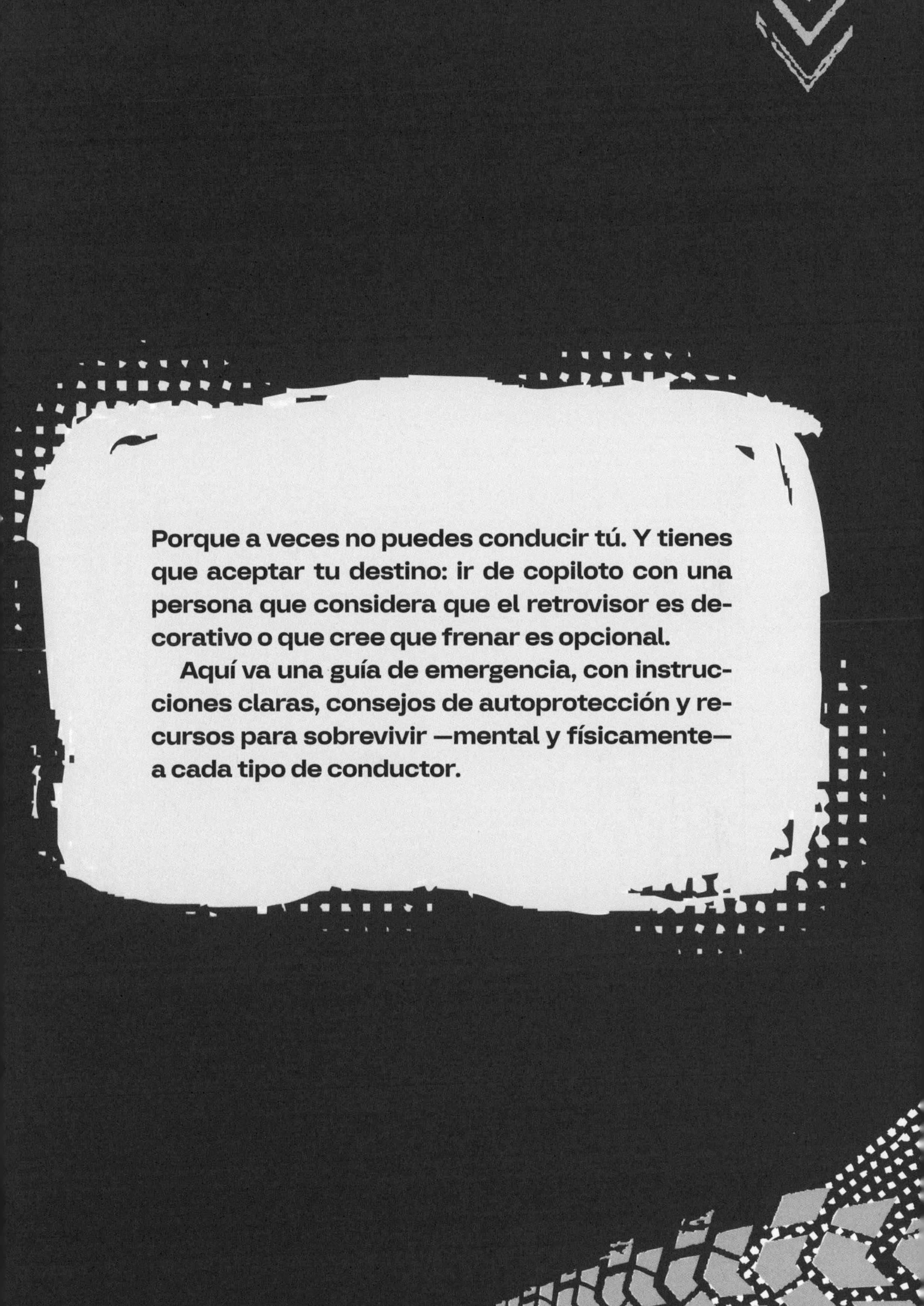

Porque a veces no puedes conducir tú. Y tienes que aceptar tu destino: ir de copiloto con una persona que considera que el retrovisor es decorativo o que cree que frenar es opcional.

Aquí va una guía de emergencia, con instrucciones claras, consejos de autoprotección y recursos para sobrevivir —mental y físicamente— a cada tipo de conductor.

ATENCIÓN COPILOTO

1. SI VAS CON EL QUEMAEMBRAGUES

Síntomas:

El coche huele raro. La cabeza se te mueve como un muelle en cada arranque. El embrague tiembla. Tú también.

Protocolo de supervivencia:

- No critiques. Dile que «tira fino».
- Lleva mascarilla (por si huele a embrague quemado).
- Al bajarte, di: «Guau, qué respuesta tiene el pedal». Nunca digas «pobrecito ese embrague».

2. SI VAS CON EL LENTO

Síntomas:

Conduce a 40 km/h por autovía. Acelera como si le doliera. Ves pasar bicicletas. Y caracoles. Y pensamientos.

Protocolo de supervivencia:

- Lleva libro, pódcast largo o vida interior rica.
- Finge que te encanta contemplar el paisaje.
- No mires el reloj.
- Asume que llegarás. Tarde, pero con la conciencia muy limpia.

3. SI VAS CON EL QUE CONDUCE ACOSTADO

Síntomas:

Ves más cielo que carretera. Parece que está en la consulta del fisioterapeuta. Tienes que girar el cuello para hablarle.

Protocolo de supervivencia:

- No intentes ajustar el asiento.
- Acepta que tú irás más recto que él.
- Si se duerme al volante, no lo sabrás. Así que mantente alerta por los dos.

4. SI VAS CON EL MANIÁTICO

Síntomas:

Te mira mal si rozas la puerta. Te prohíbe tocar la radio. Tiene normas para respirar dentro del coche. Lleva el aire a 21,5 grados y la música en volumen seis.

Protocolo de supervivencia:

- No toques NADA.
- No digas «te muevo un poco el espejo».
- Lleva tus propios cascos.
- Finge que eres una planta ornamental.

5. SI VAS CON EL TORETTO

Síntomas:

Cada rotonda es un circuito. Cambia de marcha con rabia. En los semáforos hace como que no ve a los de al lado.

Protocolo de supervivencia:

- Ponte el cinturón hasta el alma.
- No le digas que es ilegal. Dile que «suena bestia».
- Si empieza a hablar de «par motor», cambia de tema rápido.

6. SI VAS CON EL MÓVILES

Síntomas:

Contesta mensajes. Graba notas de voz. Cambia canción. Hace *scroll*. Todo mientras conduce.

Protocolo de supervivencia:

- Ofrécete a manejar su teléfono.
- Si dice «espera, solo leo esto», empieza a rezar.
- Finge que no tienes cobertura.
- Esconde el móvil si puedes.

7. SI VAS CON EL LLUVIAS

Síntomas:

Cuando caen dos gotas, se convierte en otro ser: frena, suspira, murmura cosas como «estas gotas son las peligrosas».

Protocolo de supervivencia:

- No lo contradigas.
- Dile que está haciendo bien en ir a 30 km/h por autovía.
- Asegúrate de no hacer movimientos bruscos, podrías interrumpir su concentración milimétrica.

8. SI VAS CON EL MULTAS

Síntomas:

Recibe multas como quien colecciona cromos. «Este mes solo han sido dos», dice. Tiene detector de radares, pero le pita tanto que ya no le hace caso.

Protocolo de supervivencia:

- Pregunta por rutas alternativas sin radares.
- No subas stories donde se vea la matrícula.
- No mires el cuentakilómetros. Ya sabes que va rápido.

9. *SI VAS CON «EL QUE NO USA LOS INTERMITENTES»*

Síntomas:

Gira sin avisar. Cambia de carril con la seguridad de un médium. Dice que «ya se ve lo que voy a hacer».

Protocolo de supervivencia:

- Intenta prever sus movimientos antes que él.
- Pon cara de póquer cuando otros conductores lo miren mal.
- Evita preguntarle por qué no los usa. Te dirá: «Es que me molesta el clic».

10. *SI VAS CON EL COMEDOR*

Síntomas:

Saca un bocata a los tres minutos. Luego un café. Luego unas galletas. Y todo sin perder el control, o eso cree.

Protocolo de supervivencia:

- Lleva servilletas. Muchas. No le pidas que te pase nada.
- Asume que vas a verle manejar el volante con la rodilla.
- No te sorprendas si aparece un yogur.

BONUS: *SI VAS CON TU MADRE*

Síntomas:

Te frena con el brazo. Se agarra del asa. Grita «¡Cuidado!» aunque no haya nada. Cree que vas muy rápido, incluso parado.

Protocolo de supervivencia:

- Acepta que nunca serás mejor conductor que ella.
- Lleva paciencia. En botellas grandes.
- Si le prestas el coche, prepárate para encontrar el asiento en modo silla de cocina y la radio en Cadena Dial.

TEST: ¿QUÉ TIPO DE COPILOTO ERES?

Responde sinceramente. O tu coche lo sabrá.

1. **Cuando te montas en el coche...**
   a. Saludas al coche y ajustas el asiento como si fuera tu templo. (3 puntos)
   b. Te acomodas rápido, pero sin tocar nada. (2 puntos)
   c. Hurgas en la guantera a ver qué hay. (1 punto)
   d. Dices «¿puedo fumar?» (0 puntos)

2. **Si el conductor pone música horrible...**
   a. Dices que te gusta, aunque te sangren los oídos. (3)
   b. Sugieres algo «más tranquilo». (2)
   c. Sacas tu móvil y le pasas el aux. (1)
   d. Pones la tuya por el altavoz del móvil. (0)

4. **Si el conductor se pasa de frenada...**
   a. Haces como que no has notado nada. (3)
   b. Le preguntas si todo va bien. (2)
   c. Le gritas «¡Eh, eh, eh!» como en una montaña rusa. (1)
   d. Das un manotazo al salpicadero. (0)

5. **¿Tocas el aire acondicionado?**
   a. Solo si me dan permiso. (3)
   b. Con discreción, sin que lo noten. (2)
   c. Lo cambio porque «hacía mucho calor». (1)
   d. Lo pongo en modo invierno sin preguntar. (0)

6. **¿Qué sueles llevar como copiloto?**
   a. Nada. El coche está impecable. (3)
   b. Algo de beber o un trapito para limpiar. (2)
   c. Tu mochila abierta y un paraguas suelto. (1)
   d. Un bocadillo, un termo y un gato (el animal). (0)

RESULTADOS

13-15 puntos
EL COPILOTO PRÉMIUM
Te adaptas, respetas, ayudas. Eres como el copiloto de rally, pero con olor a suavizante. Te quieren en todos los coches.

9-12 puntos
EL COPILOTO CORRECTO
No molestas. A veces metes la pata, pero rectificas rápido. Con un poco más de paciencia, lo bordas.

5-8 puntos
EL COPILOTO SOSPECHOSO
Tocas cosas. Opinas. Llevas migas. Estás en la cuerda floja. Un mal gesto más y te toca ir en el asiento de atrás.

0-4 puntos
EL COPILOTO TÓXICO
Rezas fuerte, sudas más que el conductor, lo activas todo sin permiso y comes sin avisar. El coche tiembla cuando te ve.

CUIDA A TU COCHE COMO A TU ABUELA

O TE ESPERA UNA CONDENA ETERNA EN EL TALLER

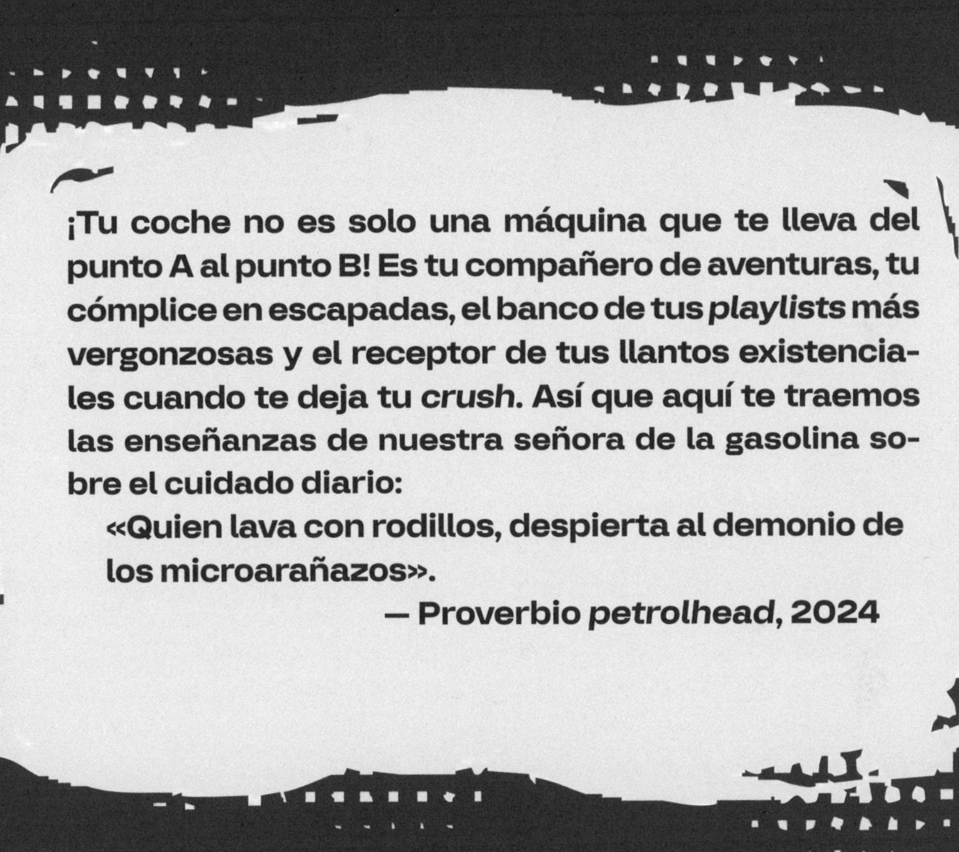

¡Tu coche no es solo una máquina que te lleva del punto A al punto B! Es tu compañero de aventuras, tu cómplice en escapadas, el banco de tus *playlists* más vergonzosas y el receptor de tus llantos existenciales cuando te deja tu *crush*. Así que aquí te traemos las enseñanzas de nuestra señora de la gasolina sobre el cuidado diario:

> «Quien lava con rodillos, despierta al demonio de los microarañazos».
>
> — Proverbio *petrolhead*, 2024

Tu coche es como tu perro, tu consola o tu abuela: si lo cuidas, te dura más. Si lo dejas a su suerte, acaba cubierto de mierda, dando tirones o gritándote «¡Ponte abrigo!». Estos mandamientos no son negociables: son la diferencia entre tener un coche que da gusto mirar o una cápsula de mugre sobre ruedas.

1. DESPUÉS DE CADA VIAJE... ¡A LA DUCHA!

¿Has vuelto de un viaje? ¿Te ha dado el viento en la cara, has adelantado a un par de camiones, has matado a veinte mosquitos con el frontal del coche? Pues ya estás tardando en echarle agua.

Los mosquitos incrustados no se quitan con buenas intenciones. Se quedan ahí como si fueran grafitis orgánicos.

Usa una mezcla de agua tibia y vinagre para ablandar los insectos rebeldes antes de pasar la esponja. Es como marinar un filete, pero con cadáveres de mosquitos.

2. NUNCA FROTES EN SECO

Pasarle un trapo seco a un coche sucio es como usar papel de lija para acariciar a tu gato: agresivo, innecesario y poco eficaz.

La pintura de tu coche no es un campo de batalla. Es tu reputación barnizada.

Usa siempre un producto limpiador, agua o, por lo menos, un trapo húmedo. Si no tienes nada a mano, no limpies. Mejor parecer dejado que ser rayador en serie.

FRASE PARA ENMARCAR

Un rayón es para siempre. Como los diamantes, pero más cutre.

3. *LA LANZA DE LAVADO NO ES UN ARMA MEDIEVAL*

Sí, la lanza de agua a presión mola. Sientes que tienes poder. Pero si te acercas demasiado, despides la pintura como si estuvieras pelando una cebolla con una Karcher.

Mantén la distancia, *cowboy*. Tu coche no es el malo de la peli.

Usa la lanza a una distancia mínima de 40 centímetros. Si necesitas más limpieza, acércate con esponja o cepillo, pero sin convertir la carrocería en un colador cromado.

4. *SIEMPRE DE ARRIBA ABAJO. Y SIN EXCUSAS*

¿Empiezas por las ruedas? ¿Y luego subes al techo como si estuvieras escalando el Himalaya? MAL. El agua cae. La gravedad existe. El jabón no sube por capilaridad. Respeta el orden de las cosas.

Empieza por el techo, luego ventanillas y a continuación puertas. Deja para el final los bajos y las llantas, que es donde vive el infierno.

TE FALTA **TÉCNICA**

No limpies lo que vas a volver a ensuciar. Imagina que friegas el suelo y luego tiras las migas del bocata. Pues eso.

5. *RODILLOS DE GASOLINERA: EL SPA DE SATÁN*

Hay dos tipos de personas:

1. Las que lavan su coche con mimo y trapos de microfibra.
2. Las que lo meten en los rodillos de la gasolinera y luego se preguntan por qué parece que han peleado contra una pandilla de gatos.

Los rodillos son como tu ex tóxico: parece práctico, pero al final te deja marcado.

EFECTO SECUNDARIO REAL:
MICRORRAYADURAS, PINTURA MATEADA, RESTOS DE GRASA AJENA. CADA PASADA ES COMO RASCAR CON PAPEL DE LIJA EMBADURNADO DE BARRO Y FRUSTRACIÓN.

TEST RÁPIDO: ¿ERES UN BUEN LAVADOR O UN CRIMINAL DEL JABÓN?

1. ¿Usas agua destilada para zonas delicadas?
2. ¿Secas el coche con toalla de microfibra?
3. ¿Limpias los cristales por dentro?

Si has respondido no en dos o más... tu coche está llorando por dentro.

TRUCOS DE PRO:

- **Cristales con papel de periódico.**
  Parece magia gitana, pero el periódico limpia los cristales mejor que cualquier bayeta espacial.
- **Ambientador casero.**
  Mezcla agua + suavizante de ropa. Pulveriza alfombrillas. ¿Olor a coche nuevo? No. ¿A tu suavizante favorito? Casi mejor.
- **Cepillo de dientes para los rincones chungos.**
  Donde no llega tu dedo, llega un cepillo viejo. ¡Eso sí, que no sea el que usas después!
- **Rodillo quitapelos en la guantera.**
  Si tu coche parece la cama de Garfield, ya sabes. Rodillo, pase y fuera.

APARCAR: EL ARTE DE NO SER RAYADO

Y DE EVITAR UNA BRONCA DE TU PADRE

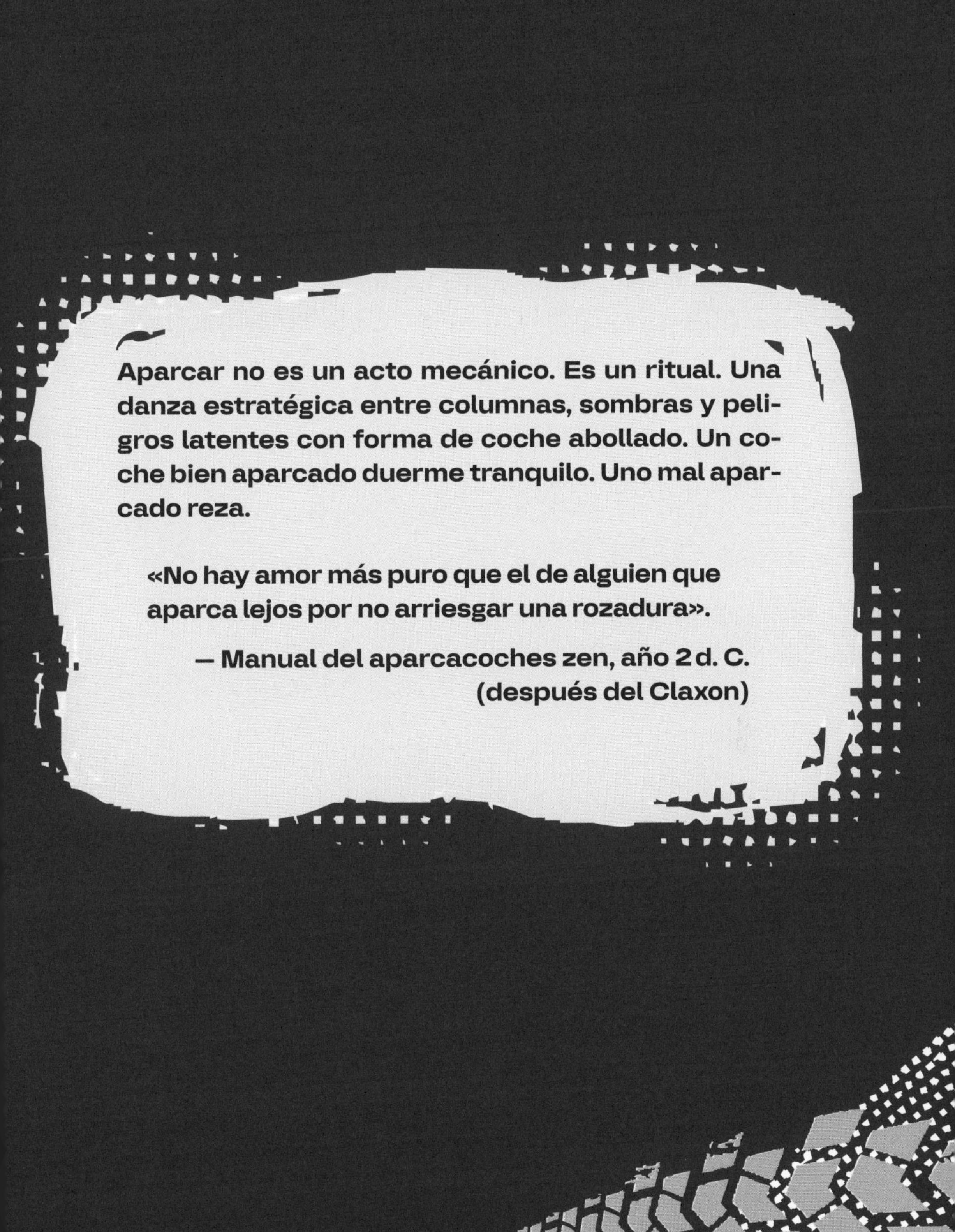

Aparcar no es un acto mecánico. Es un ritual. Una danza estratégica entre columnas, sombras y peligros latentes con forma de coche abollado. Un coche bien aparcado duerme tranquilo. Uno mal aparcado reza.

> «No hay amor más puro que el de alguien que aparca lejos por no arriesgar una rozadura».
>
> — Manual del aparcacoches zen, año 2 d. C. (después del Claxon)

1. APARCA LEJOS, VIVE MÁS FELIZ

Mejor andar diez minutos que pasar diez días llorando por una raya en la puerta.

Porque la pintura se arregla, sí, pero tu autoestima no.

DISTANCIA RECOMENDADA POR LA OMS (ORGANIZACIÓN DE MENTES SENSATAS):
A PARTIR DE CIEN METROS YA NO ES «ANDAR MUCHO»: ES «PROTEGER TU PATRIMONIO SOBRE RUEDAS».

DATO EXPLOTACABEZAS: EL LADO OSCURO DEL APARCAMIENTO

¿Sabías que en ciudades como París o Roma se estima que los conductores pierden hasta 4 años de su vida buscando aparcamiento?

Y eso no es lo peor...

! En Japón, **no puedes comprar un coche si no tienes dónde aparcarlo.** Literalmente. Tienes que presentar un certificado de plaza de aparcamiento.

! En Alemania hay zonas donde **aparcamiento en batería = multa**, porque está todo calculado al milímetro para dejar paso a emergencias.

! En Manhattan, una plaza de aparcamiento puede costar **más que un Porsche.** Literal: se han vendido por más de **300.000 dólares.**

! En Madrid, más de la mitad de las multas de tráfico están relacionadas con... **sí, aparcar mal.**

CONCLUSIÓN:

Puedes tener un supercoche..., pero si no tienes dónde meterlo, eres solo un peatón con actitud.

2. *HUYE DE COCHES CON CICATRICES*

Si el coche de al lado tiene más bollos que una panadería, cambia de sitio. Esa persona no respeta ni su vehículo. ¿Qué te hace pensar que va a respetar el tuyo?

TE FALTA **TÉCNICA**

Si ves:

- Espejo colgando.
- Paragolpes con cinta americana.
- Puerta abollada.

Entonces: **¡ALERTA ROJA! ¡HUYE!**

3. COLUMNAS: TUS NUEVAS MEJORES AMIGAS

En los aparcamientos, las columnas no son obstáculos. Son escudos. Son los Kevin Costner de tu coche: se interponen entre tú y el desastre.

APARCA PEGADO A UNA COLUMNA Y DEJA EL OTRO LADO LIBRE. MEJOR ROZAR CEMENTO QUE RECIBIR EL BESO DE UNA PUERTA AJENA.

4. EVITA EL SOLAZO COMO SI TU COCHE FUERA UN VAMPIRO

Dejar el coche al sol en verano no es «pereza», es castigo. El barniz se quema, el volante te fríe las huellas dactilares y el salpicadero se cuece como un pastel de carne.

!

SOLUCIÓN:

Aparca a la sombra de lo que sea (un árbol, un edificio, un camión...). O haz lo que haría tu abuela: **ponle funda**. Que no es cutre, es inteligencia automovilística aplicada.

TU COCHE SIN SOMBRA ES COMO TÚ SIN PROTECTOR SOLAR: UNA VÍCTIMA ESPERANDO A PONERSE DE COLOR GAMBA.

5. *CONSEJO DE INSTAGRAM (Y DE SENTIDO COMÚN)*

Si el sitio te da mala espina, saca una foto. A tu coche, al coche de al lado, a las matrículas, a los alrededores. No es paranoia, es experiencia.

CÓMO HACERLO SIN PARECER UN AGENTE DEL CNI

1. **Disimula mirando el móvil.**
2. **Haz como que desbloqueas el coche.**
3. **Cámara → Foto → *Pa'* la galería.**

LAS SIETE COSAS QUE TU ABUELA HARÍA SI TUVIERA COCHE

- Guardaría el manual del coche como si fuera la Biblia.
- Aparcaría a la sombra, aunque esté a dos kilómetros.
- Te llamaría para preguntarte si ya revisaste el nivel del agua.
- Llevaría ambientador de lavanda, uno en el retrovisor y otro de repuesto.
- Limpiaría las alfombrillas con jabón Lagarto.
- Cubriría los asientos con fundas de ganchillo.
- Y jamás aceleraría en frío. «Eso es de mala persona».

MANTENIMIENTO QUE NO TE CUESTA NADA

PERO SALVA VIDAS Y DINERO

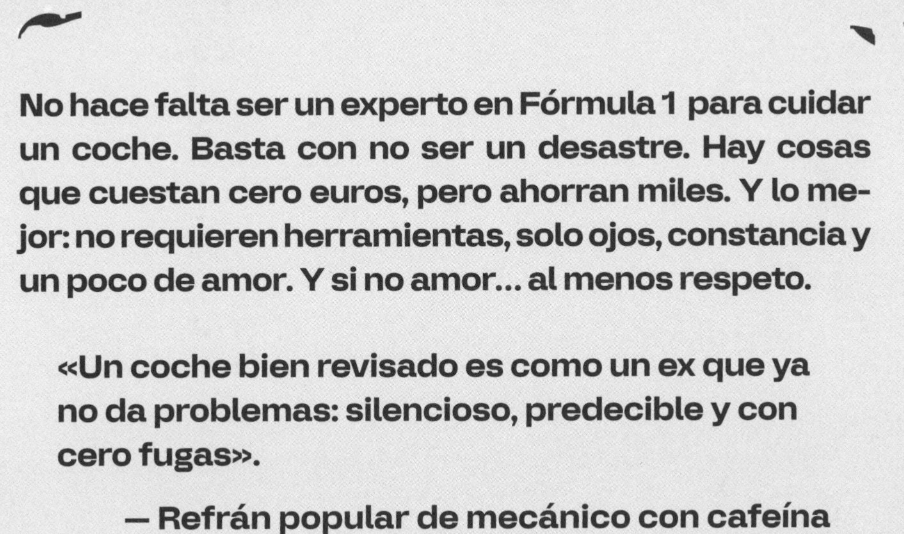

No hace falta ser un experto en Fórmula 1 para cuidar un coche. Basta con no ser un desastre. Hay cosas que cuestan cero euros, pero ahorran miles. Y lo mejor: no requieren herramientas, solo ojos, constancia y un poco de amor. Y si no amor... al menos respeto.

> «Un coche bien revisado es como un ex que ya no da problemas: silencioso, predecible y con cero fugas».
>
> — Refrán popular de mecánico con cafeína

1. *REVISA TUS NEUMÁTICOS. SIEMPRE. AUNQUE ESTÉS EN CHÁNDAL*

Tus neumáticos son lo único que toca el suelo. Ni el volante ni el motor. Solo ellos. Cuatro trozos de goma que deciden si vives, patinas o acabas abrazando una farola.

¿CÓMO SABER SI ESTÁN MAL?

- Si están más lisos que el pecho de Vin Diesel, mal.
- Si hay grietas, bultos o parecen chicles duros, mal.
- Si al verlos dices «meh», probablemente mal.

Revisa la presión cada quince días. En la gasolinera, en el taller o en casa con manómetro. Busca la presión ideal en el marco de la puerta o el manual. No te la inventes.

FRASE PARA ENMARCAR:
Si tus neumáticos hablan, es porque estás girando sobre alambres.

2. ACEITE, ANTICONGELANTE Y LIMPIAPARABRISAS: LA SANTÍSIMA TRINIDAD DEL COCHE

Un coche sin estos tres líquidos es como una persona sin agua, sangre ni lágrimas.

- El aceite lubrica.
- El anticongelante refrigera.
- El limpiaparabrisas evita que conduzcas como Stevie Wonder.

SIEMPRE EN EL MALETERO:

- Un botecito de aceite
- Uno de anticongelante
- Uno de limpiaparabrisas
- (¡Y un embudo, que no somos pulpos!).

3. NO VIVAS EN LA RESERVA. ESO ES VIDA AL LÍMITE, PERO MAL

Ir en reserva constante no te hace valiente, te hace guarro. El fondo del depósito acumula toda la porquería: sedimentos, restos, minitrozos de desesperación mecánica.

SI REPOSTARAS SOLO CUANDO SE ENCIENDE LA LUZ, PROBABLEMENTE TAMBIÉN BEBERÍAS AGUA SOLO CUANDO TIENES SED. ASÍ ESTÁS TÚ.

RIESGOS DE LA RESERVA ETERNA:

- Aspiras impurezas → atas filtros → gripas bombas.
- Riesgo real de quedarte tirado y ser meme en el grupo de amigos.
- El coche sufre. Tú sufres. Todos pierden.

Conduce como piensas: con el depósito medio lleno, no medio vacío.

MINILISTA VISUAL

Aquí tienes una lista de cosas que revisar cada quince días, que te llevarán cinco minutos y, además, te costarán cero euros.

- O Presión de neumáticos.
- O Aceite: entre mínimo y máximo.
- O Anticongelante a nivel.
- O Limpiaparabrisas lleno.
- O Nada de luces testigo encendidas.
- O El coche no hace ruidos tipo «tic, tic» o «glup, glup».
- O No estás en reserva (¡bien por ti!).

HÁBITOS DIARIOS QUE ALARGAN LA VIDA DEL COCHE

Tu coche tiene sentimientos. Vale, no literalmente, pero casi. Y si lo maltratas a diario, te lo va a devolver con intereses: averías, ruidos, luces testigo encendidas y facturas con más ceros que seguidores tienes en TikTok. Por eso, cultivar buenos hábitos diarios no solo alarga la vida de tu coche. También la tuya. Y la de tu cuenta corriente.

> «Conduce como si el coche fuera prestado, el mundo fuera de cartón y el taller, carísimo».
>
> — Sabiduría de abuelo que aún va en un Citroën BX

1. NO PISES EL EMBRAGUE SI ESTÁS PARADO. TU MECÁNICO TE LO AGRADECERÁ

Estás en un semáforo o en un atasco. Y tú, ahí, con el pie izquierdo apoyado en el embrague como si fuera un reposapiés. Error. Tremendo error.

ESTÁS GASTANDO EL EMBRAGUE POR PLACER. ES COMO MASCAR CHICLE HASTA QUE SE DISUELVE... SOLO QUE AQUÍ TE CUESTA OCHOCIENTOS EUROS.

CUÁNDO SÍ / CUÁNDO NO

☑ Al cambiar de marcha, por supuesto.

❌ Al estar parado: punto muerto y a descansar. Tu embrague tiene derecho a la baja.

EFECTO SECUNDARIO:
Reduces su vida útil. Como fumar, pero con más humo del bueno.

2. AJUSTA LOS RETROVISORES. PORQUE TENER «ÁNGULO MUERTO» NO ES EXCUSA PARA JUGAR AL COCHE SORPRESA

El ángulo muerto no es un misterio de la vida. Es un hueco que puedes reducir ajustando bien los espejos. ¿Que lo haces a ojo? Pues así va todo.

TRUCO VISUAL EXPRÉS

- Retrovisores laterales: apunta al punto más lejano del carril contiguo. No tu propio coche.
- Espejo central: que te muestre toda la luna trasera, no tu peinado.

VER BIEN NO ES OPCIONAL. ES UNA DE ESAS COSAS QUE, SI NO HACES, TE ESTAMPAS.

3. EN FRÍO, SUAVECITO. NO ES MOMENTO DE HACER UN FAST & FURIOUS

Tu motor en frío es como tú recién despertado: no quiere gritos, carreras ni sobresaltos. Necesita paz, lubricación y tiempo para calentar.

LO QUE PASA SI TE PASAS:

- El aceite aún no ha llegado a todas las partes del motor.
- Los metales no han dilatado.
- Estás literalmente destrozando la mecánica con cada pisotón.

TU COCHE NO ES VIN DIESEL. ES MÁS BIEN FRODO CON REUMA SI ARRANCA EN FRÍO.

4. *NO DEJES EL COCHE AL RALENTÍ COMO SI FUERA TU COLEGA ESPERÁNDOTE FUERA*

Muchos piensan que dejar el coche encendido mientras esperan «es bueno para el motor». No: es bueno para tirar gasolina, generar carbonilla y calentar el planeta.

LA CRUDA REALIDAD:

- Gasta más de lo que crees.
- Ensucia más de lo que parece.
- No sirve para nada útil.

REGLA DE ORO

Si vas a estar más de un minuto parado, apaga. No estás en la parrilla de salida de Mónaco.

5. SI LLEVAS TURBO, DEJA QUE EL BICHO SE RELAJE ANTES DE PARAR

El turbo gira a miles de revoluciones por minuto. Se calienta más que tú en el metro en pleno agosto. Si apagas el coche de golpe, lo dejas sin refrigeración. Y eso es como meter una pizza al horno y sacarla con las manos.

TE FALTA **TÉCNICA**

- Antes de parar: deja el coche en ralentí de 30 a 60 segundos.
- El turbo se enfría. Tú respiras. El universo se alinea.

TU COCHE TE LLEVA VOLANDO, PERO TAMBIÉN NECESITA ATERRIZAR.

PEQUEÑOS GESTOS SAGRADOS (QUE TE LIBRARÁN DEL INFIERNO MECÁNICO)

Gesto	¿Qué evita?	¿Cuánto cuesta?
Soltar el embrague	Cambiarlo prematuramente	0 €
Ajustar espejos	Golpes sorpresa	0 €
Acelerar suave en frío	Desgaste brutal del motor	0 €

No dejarlo al ralentí	Carbonilla y gasto tonto	0 €
Enfriar el turbo	Reparaciones infernales	0 €

EL MITO DE LA PATATA

¿Tu coche se empaña por dentro?

→ Coge una patata, pártela por la mitad y frótala por la parte de dentro del cristal. El almidón crea una capa repelente.

☑ Truco real. No preguntes por qué, solo hazlo y flipa.

CLASIFICACIÓN: LOS SIETE PECADOS CAPITALES DEL CONDUCTOR MEDIO

«Cometidos a diario por millones de almas sin redención, ni revisión».

1. **No poner intermitentes.**
   El coche no es adivino. Y los demás tampoco.
2. **Conducir con el embrague pisado.**
   Estás destrozando más embragues que tu ex ilusiones.
3. **Lavar con rodillos.**
   Adiós, pintura; hola, microarañazos.
4. **Aparcar al lado de coches con bollos.**
   Te estás buscando el karma automovilístico.
5. **No escuchar el coche.**
   Si suena a tractor y vibra como un palo selfi, algo pasa.
6. **Olvidarte de revisar los niveles.**
   El aceite no se evapora por arte de magia. Ni el refrigerante.
7. **Acelerar a fondo en frío.**
   Tu motor no está calentando. Está llorando.

¿? TEST RÁPIDO: ¿ERES UN CUIDACOCHES O UN DESTROZACARROS?

Suma un punto por cada respuesta afirmativa.

1. ¿Lavas el coche una vez por semana?
2. ¿Llevas líquido anticongelante en el maletero?
3. ¿Tu coche está lleno de pelos de perro y migas de Doritos?
4. ¿Has aparcado alguna vez al lado de un coche abollado y has pensado «total, uno más»?
5. ¿Usas el freno de mano o confías en la fuerza de la gravedad?

RESULTADOS

- **0-1:** Eres de los nuestros: tu coche te lo agradece y nosotros también.
- **2-3:** Vas por buen camino, Padawan.
- **4-5:** Necesitas este libro más que un embrague nuevo.

MANUAL BÁSICO PARA USAR UN OBD SIN MIEDO

Y SIN PARECER QUE ESTÁS HACKEANDO LA NASA

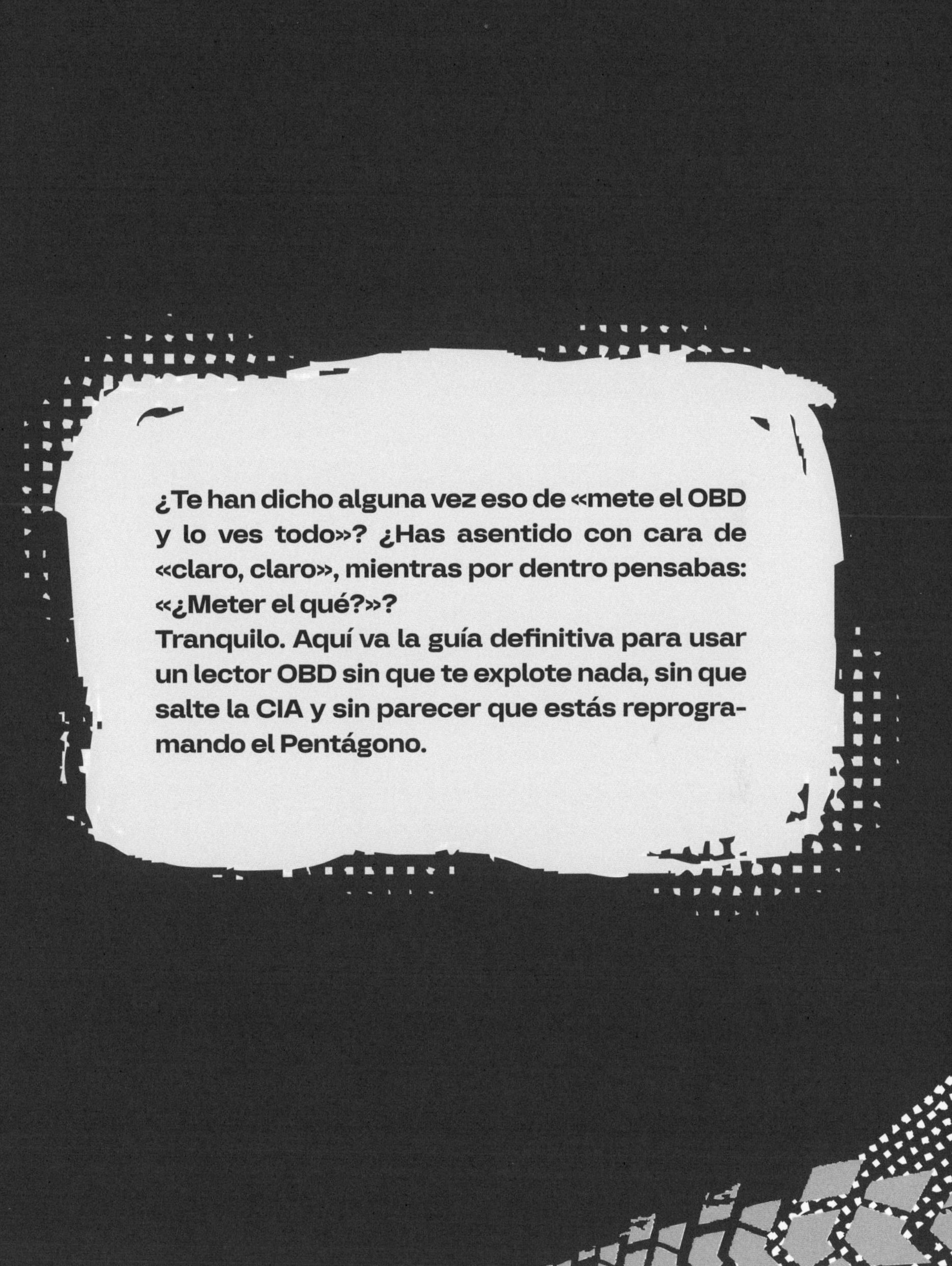

¿Te han dicho alguna vez eso de «mete el OBD y lo ves todo»? ¿Has asentido con cara de «claro, claro», mientras por dentro pensabas: «¿Meter el qué?»?
Tranquilo. Aquí va la guía definitiva para usar un lector OBD sin que te explote nada, sin que salte la CIA y sin parecer que estás reprogramando el Pentágono.

TE FALTA **TÉCNICA**

OBD significa «on board diagnostics». Es como el confesionario electrónico del coche. Todo lo que el coche sabe, lo dice ahí. Si tiene errores, los canta. Si tiene algo chungo, lo apunta. Si lo han reseteado justo antes de enseñártelo, también lo puedes notar.

1. ¿QUÉ NECESITAS PARA EMPEZAR?

1. **Un lector OBD barato**

   Los hay por menos de quince euros en Amazon, Aliexpress o tiendas de recambios. Lo importante: que tenga bluetooth (para conectarlo con el móvil) y sea compatible con OBD2 (cualquier coche desde el año 2000 en adelante lo es).

2. **Una app tipo Car Scanner, Torque o OBDeleven (Android), o Carista (iOS)**

   Algunas tienen versión gratis, otras cuestan poco. Pero todas sirven para lo básico: leer y borrar errores, ver datos en tiempo real y detectar cosas raras.

3. **Un móvil con batería (y sin miedo)**

   No vas a romper nada. De verdad.

2. ¿DÓNDE SE CONECTA?

Busca debajo del volante. Literalmente.

- Puede estar a la izquierda del pedal del embrague.
- Puede estar detrás de una tapa de plástico.
- Puede estar mirándote fijamente en el centro.

ES UN CONECTOR DE DIECISÉIS PINES. EL ÚNICO QUE ENCAJA ES EL OBD. SI METES OTRA COSA, NO ERA AHÍ.

3. ¿CÓMO SE USA SIN PÁNICO?

1. Conecta el OBD al puerto.
2. Enciende el contacto del coche (no hace falta arrancarlo).
3. Abre la app y selecciona tu modelo de coche.
4. La app se conecta y empieza a leer los datos.

4. ¿QUÉ PUEDES VER SIN SER MECÁNICO?

- **Errores activos** (los que están ahora mismo).
- **Errores históricos** (te dice si alguien los borró recientemente).
- **Temperatura del motor** (por si lo vas a probar en frío).
- **RPM, voltaje de batería, sensor de oxígeno, etc.**
- **Estado del DPF** si es diésel (¡importantísimo!).
- **Indicadores ocultos que no aparecen en el cuadro.**

5. ¿QUÉ SIGNIFICA CUANDO SALE UN CÓDIGO?

Ejemplo: **P0420**

- No es una amenaza de muerte.
- Significa que hay un fallo de eficiencia en el catalizador.
- Puedes buscar el código en Google (sí, en este caso sí vale).
- Lo importante es ver si hay muchos, si son graves o si acaban de ser borrados.

¿PUEDO BORRAR LOS ERRORES?

Sí, pero cuidado.

Borrar el error no borra el problema.

Es como silenciar una tos sin curarte la gripe.

SOLO BORRA SI

- Quieres comprobar si es un fallo puntual.
- Ya has arreglado el fallo.
- Quieres que el coche se calle... sabiendo que volverá a hablar.

COSAS QUE TE PUEDEN SALVAR EL PELLEJO

- Ver si el motor coge temperatura bien (si no, puede tener el termostato jodido).
- Detectar errores ocultos antes de comprar un coche.
- Saber si el fallo de motor es un sensor barato o una catástrofe anunciada.
- Confirmar que te están intentando colar un coche «reparado» que no lo está.

TRUCOS DE PRO

- Si conectas el OBD y hay errores que se borraron hace poco, sospecha.
- Si el voltaje está por debajo de doce, la batería está en las últimas.
- Si hay errores relacionados con ABS, airbags, inmovilizador... huye.

COSA	¿PUEDO VERLA?	¿PUEDO BORRARLA?	¿PUEDO ARREGLARLA?
Fallos de motor	Sí	Sí	Solo si sabes qué haces
Sensor oxígeno	Sí	Sí	Mejor que lo mire un mecánico
Luces del cuadro encendidas	Sí	Sí (temporalmente)	Sí, si no es grave
Fugas de aceite	No	No	No desde el móvil, listo

MECÁNICA PARA MORTALES

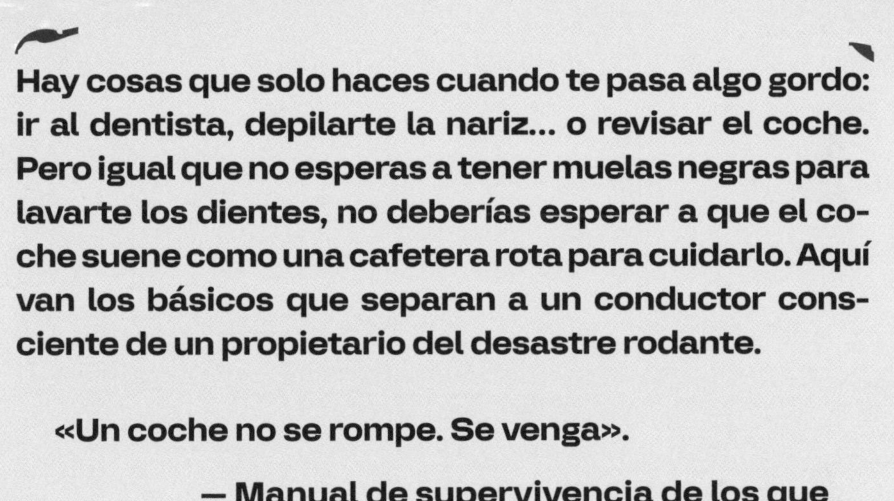

Hay cosas que solo haces cuando te pasa algo gordo: ir al dentista, depilarte la nariz... o revisar el coche. Pero igual que no esperas a tener muelas negras para lavarte los dientes, no deberías esperar a que el coche suene como una cafetera rota para cuidarlo. Aquí van los básicos que separan a un conductor consciente de un propietario del desastre rodante.

«Un coche no se rompe. Se venga».

— Manual de supervivencia de los que no revisan el aceite nunca

MANTENIMIENTOS QUE TE SALVAN LA VIDA (DEL COCHE)

1. REVISA EL ACEITE CON EL MOTOR FRÍO. SIEMPRE. SIN EXCUSAS.

No es negociable. El aceite es la sangre del coche, y tú no le haces un análisis a alguien después de correr una maratón. Si lo miras en caliente, el nivel parece más bajo de lo que es... y acabas añadiendo de más.

Luego vienen las fugas, el humo y la cara de «no sé qué he hecho» en el taller.

CUÁNDO Y CÓMO

- ➡ **Por la mañana, antes de arrancar.**
- ➡ **Saca la varilla, límpiala, vuelve a meterla y luego sí: mide.**
- ➡ **El nivel debe estar entre el mínimo y el máximo. Si está seco, ya puedes empezar a rezar.**

SEÑAL DE ALARMA:

Si el aceite parece Nutella o hay burbujitas blancas...
puede que estés mezclando agua y aceite.
Y eso no es cocina fusión: es junta de culata,
y de las caras.

2. LLEVA UN REGISTRO DE MANTENIMIENTOS. COMO SI FUERAS TU PROPIO TALLER.

No confíes en tu memoria. Porque no, no recuerdas si cambiaste el aceite en junio o en septiembre

CÓMO HACERLO

- ➡ Bloc de notas en la guantera
- ➡ App en el móvil
- ➡ Pegatina en el parabrisas
- ➡ Lo que sea..., pero apunta fechas, kilómetros y qué hiciste.

LO QUE DEBERÍAS TENER CONTROLADO

- Último cambio de aceite
- Filtros (aceite, aire, combustible)
- Líquido de frenos
- Correa de distribución (si la tiene)
- Batería
- Pastillas y discos de freno

UN COCHE CON HISTORIAL ES COMO UNA PAREJA CON TERAPIA: AGUANTA MÁS.

3. REVISA EL ANTICONGELANTE..., PERO NO LO ABRAS EN CALIENTE SI QUIERES CONSERVAR LA CARA.

El circuito de refrigeración es como una olla a presión. Abrir el tapón cuando el motor está caliente es como abrir una sidra gallega después de agitarla cinco minutos.

QUÉ PASA SI LO ABRES EN CALIENTE

- ➡ El líquido sale disparado.
- ➡ Se te escaldan las manos, la cara y la autoestima.
- ➡ Acabas en Urgencias diciendo «solo quería mirar el nivel».

CÓMO HACERLO BIEN

- ➡ Espera a que el motor esté frío.
- ➡ El nivel tiene que estar entre las marcas del vaso de expansión.
- ➡ Si ves que baja constantemente... puede que tengas una fuga.

TRUCO DE PRO

Si vives en zona fría, usa anticongelante del bueno. No agua del grifo, **que no estamos regando geranios**.

4. NO APURES LA GASOLINA. A MENOS QUE QUIERAS DESAYUNAR ÓXIDO.

El fondo del depósito no es una zona zen. Es donde se acumulan sedimentos, partículas y minidemonios que llevas arrastrando desde que te sacaste el carnet.

Ir siempre en reserva es alimentar el motor con el equivalente a caldo de cloaca.

EFECTOS DE VIVIR EN LA RESERVA

- ➡ Atascas el filtro de gasolina.
- ➡ Dañas la bomba de combustible.
- ➡ Te quedas tirado en el arcén como un influencer sin batería.

LO IDEAL: SIEMPRE MÁS DE 1/4.
LO ÓPTIMO: MEDIO DEPÓSITO O MÁS.
NO ES DE RICOS, ES DE GENTE CON CABEZA.

SEÑALES DE ALERTA QUE NO DEBES IGNORAR

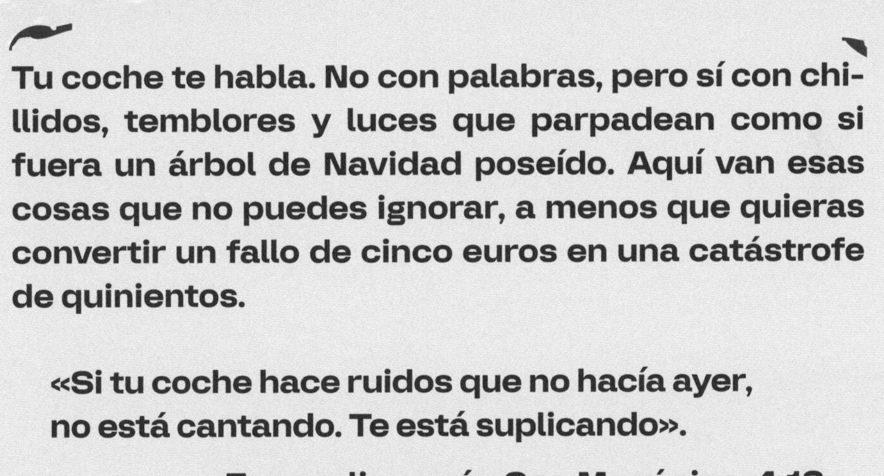

Tu coche te habla. No con palabras, pero sí con chillidos, temblores y luces que parpadean como si fuera un árbol de Navidad poseído. Aquí van esas cosas que no puedes ignorar, a menos que quieras convertir un fallo de cinco euros en una catástrofe de quinientos.

> «Si tu coche hace ruidos que no hacía ayer, no está cantando. Te está suplicando».
>
> — Evangelio según San Mecánico, 4:13

1. NEUMÁTICOS: LO QUE TE UNE A LA VIDA (LITERALMENTE).

Los neumáticos son como los zapatos. Si están desgastados, desiguales o con bultos raros, más que conducir, estás apostando a la ruleta rusa.

SIGNOS DE QUE ESTÁN MAL

- Desgaste irregular (¿la izquierda está lisa y la derecha, nueva?).
- Grietas, cortes o deformidades.
- Vibraciones en el volante.
- Ruido constante tipo «uuumrumrumrum» que no es el motor.

Mete una moneda de un euro en el dibujo del neumático. Si ves el borde dorado, empieza a ahorrar.

NO OLVIDES:

REVISA LA PRESIÓN CADA QUINCE DÍAS. Y USA LA PRESIÓN RECOMENDADA, QUE SUELE ESTAR EN LA PUERTA DEL CONDUCTOR O EL MANUAL.

2. FRENOS: NO ESPERES A QUE CHILLEN COMO RATAS ENLOQUECIDAS.

Las pastillas de freno están diseñadas para avisarte cuando se gastan. Pero si ignoras ese chirrido, los discos también caen. Y ahí ya lloras.

CUÁNDO CAMBIAR

- Si el coche tarda más en frenar.
- Si al frenar vibra todo.
- Si suena como si estuvieras matando grillos con cada pisada.

Pasa el dedo por el disco (cuando esté frío, ¡no seas cafre!). Si tiene rebaba como el borde de una lata, toca cambiarlo.

MINIDATO

Si la luz del ABS está encendida, significa que te has quedado sin sistema antibloqueo. Frena a lo clásico: bombeando el pedal para evitar bloqueos.

3. ¿VIBRACIONES RARAS? TU COCHE ESTÁ HABLANDO. ESCÚCHALO.

El volante vibra. El coche tiembla al frenar. Sientes como si rodaras por adoquines invisibles. Algo no va bien.

CAUSAS POSIBLES

- Rueda floja (¡peligro real!).
- Neumático deformado.
- Discos de freno alabeados.
- *Silentblocks* para el arrastre.

Cuando tengas dudas, revisa que las ruedas estén bien apretadas. Sí, puede parecer obvio... hasta que una rueda decide independizarse en plena autovía.
Y recuerda: Lo de "vibra, pero tira" no es diagnóstico. Es aviso del apocalipsis.

4. SILENTBLOCKS: ESAS GOMAS QUE AGUANTAN TODO Y NUNCA SE QUEJAN, HASTA QUE REVIENTAN.

Los *silentblocks* son como los riñones del coche: están escondidos, no se ven, pero si fallan, lo notas en TODO.

SEÑALES DE QUE ESTÁN KO

- El coche cruje al girar o frenar.
- El volante vibra sin razón.
- Se siente «suelto», como si rodara sobre gelatina.
- Hace ruidos raros al pasar badenes.

TE FALTA **TÉCNICA**

«Si no se ve roto, está bien» → FALSO. Las grietas finas ya indican desgaste.

EL KIT DE EMERGENCIA PARA NO QUEDAR COMO UN NOVATO

¡EMPIEZA YA!

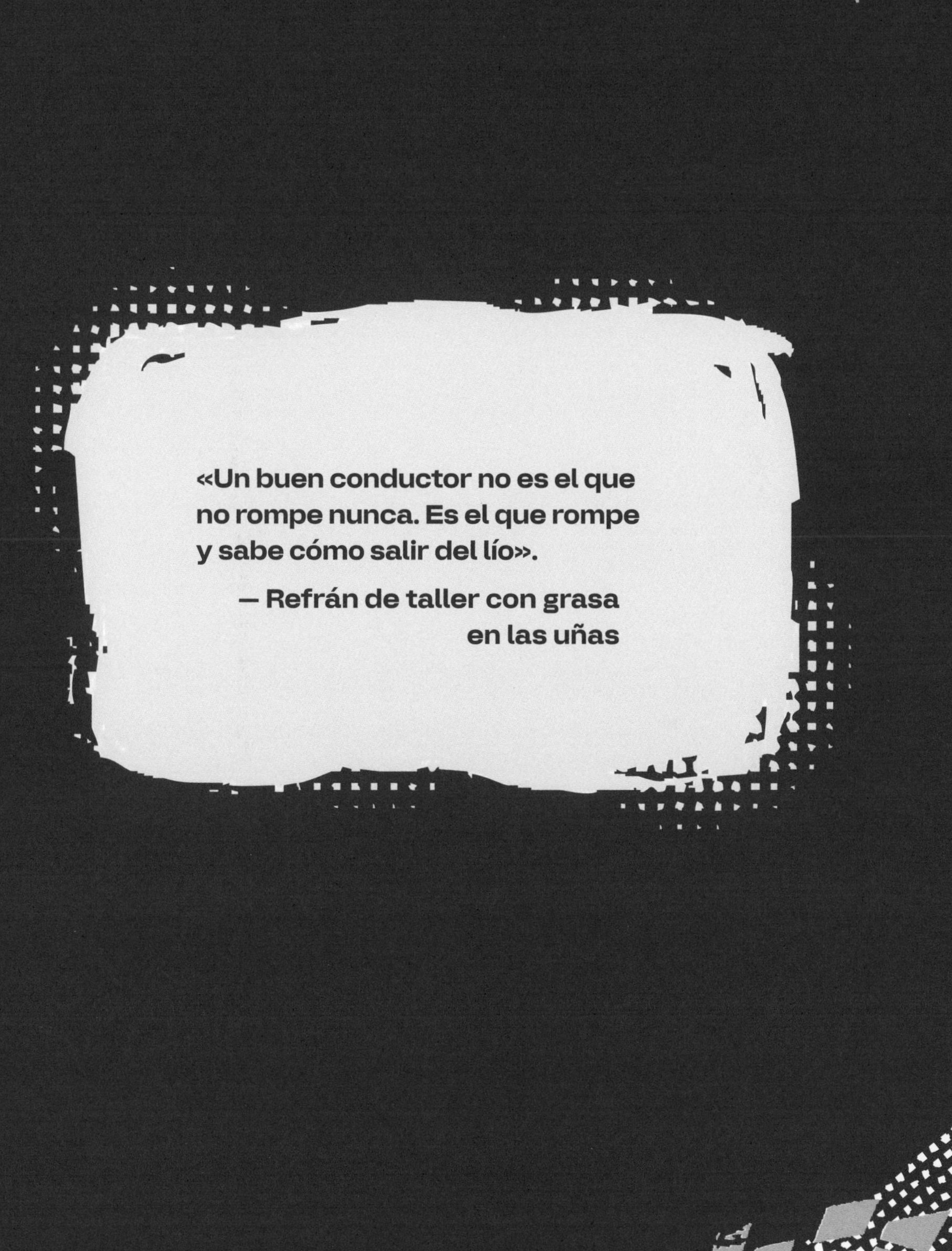

«Un buen conductor no es el que no rompe nunca. Es el que rompe y sabe cómo salir del lío».

— Refrán de taller con grasa en las uñas

Llega un día en la vida de todo conductor en el que se queda tirado. Ya sea por batería, por una tontería mecánica o por karma universal. Y cuando ese día llega, hay dos tipos de personas:

El que mira el coche con cara de «¿y ahora qué?».

El que abre el maletero y saca media ferretería portátil.

Tu objetivo es fácil. Debes conseguir ser parte del segundo grupo.

1. *ARRANCADOR O PINZAS. TU SEGURO DE VIDA PORTÁTIL*

La batería falla cuando menos te lo esperas. Y la pregunta «¿Alguien me da corriente?» no siempre tiene respuesta.

OPCIONES

Pinzas (pero necesitas otro coche cerca).

Arrancador portátil: la navaja suiza de los modernos. Cabe en la guantera y te hace quedar como un dios.

SI LLEVAS UNAS PINZAS Y NO LAS USAS EN UN AÑO..., ESO ES SUERTE. NO INUTILIDAD.

2. BRIDAS: PEQUEÑAS, BARATAS Y MILAGROSAS

El plástico de debajo del coche roza. Un guardabarros se suelta. Un cable cuelga. ¿Pegarlo con cinta aislante? ¡Herejía! Las **bridas** salvan más vidas que muchos tutoriales de YouTube.

TRUCO DE PRO

Lleva mínimo diez bridas de diferentes tamaños.
Ocupan lo que un paquete de chicles y hacen magia.

3. CINTA AMERICANA: SI NO LO ARREGLA, ESTÁS JODIDO

El paragolpes se cae. El tubo de escape tiembla. Tienes que sellar algo temporalmente. La cinta americana es la solución favorita de todos los que han vivido un rally improvisado.

LLEVA TAMBIÉN

- Cinta aislante (eléctrica)
- Un par de tornillos y tuercas
- Cúter pequeño o navaja multiusos

4. MALETÍN BÁSICO DE HERRAMIENTAS. PERO BÁSICO DE VERDAD

No hace falta llevar una caja de herramientas de Fórmula 1, pero un pequeño maletín con lo siguiente te puede salvar el día.

CONTENIDO RECOMENDADO
Llaves fijas y de carraca
Destornilladores plano y estrella
Alicates
Guantes
Linterna
Embudo
Gafas si vas a trastear con líquidos

UN MALETERO SIN HERRAMIENTAS ES COMO UNA MOCHILA SIN BOCADILLO: TRAICIÓN.

5. ACEITE, ANTICONGELANTE, AGUA DESTILADA. Y TOALLITAS

No hace falta llevar una gasolinera en el maletero, pero sí lo esencial:

1 litro de aceite (el que use tu coche)

Un bote de anticongelante

Agua destilada por si toca rellenar radiador o limpiar motor

Toallitas o papel: porque siempre acabas pringado

RECONOCIMIENTO MÉDICO EXPRÉS

Antes de un viaje largo, revisa:

- **Presión de neumáticos:** a más carga, más presión.
- **Todos los líquidos:** aceite, anticongelante, frenos, limpiaparabrisas.
- **Limpias en buen estado:** si hacen «ñic, ñic» toca cambiarlos.
- **Funcionamiento de las luces:** las de verdad, no las decorativas de neón.

DETECTA PROBLEMAS COMO UN NINJA

¿VIBRACIONES EN EL VOLANTE?

Puede que una rueda esté floja. No lo dejes pasar, que luego el susto no vibra, tiembla.

¿FRENA RARO?

No esperes a que suene como un tren. Revisa discos y pastillas antes de que sea tarde (y caro).

¿HUELE A ACEITE QUEMADO?

Puede ser la junta de tapa de balancines. Si ves bujías encharcadas, cámbiala.

¿RUIDOS METÁLICOS AL GIRAR O FRENAR?

Eso no es normal. Puede ser desde los ***silentblocks*** hasta que se te haya colado una tuerca en el alma del coche.

Rezar por tus frenos no cuenta como revisión. Sobre todo, en bajada.

TRUCOS DE TALLER (QUE TE HARÁN QUEDAR COMO UN DIOS)

¿No puedes aflojar un tornillo?

Usa un tubo para alargar la llave. Física básica, magia práctica.

¿Te has cargado la cabeza de un tornillo?

Clava una punta más grande con un martillo y gírala. Brutal, pero efectivo.

Haz fotos antes de desmontar nada.

Así sabrás cómo volver a montarlo. Spoiler: siempre sobra un tornillo.

Deja los tornillos en su sitio original.

Cada uno tiene su hueco. No los mezcles como si fueran gominolas.

CUIDAR LA MECÁNICA NO ES COSA DE GENIOS, ES COSA DE NO IR POR LA VIDA COMO SI TU COCHE FUERA INMORTAL: HAZLE CASO Y ÉL TE LLEVARÁ LEJOS. LITERALMENTE.

REVISIÓN REAL: CÓMO SABER SI UN COCHE ESTÁ BIEN O TE QUIEREN TIMAR

Aquí tienes una guía completa para no palmar pasta y salir sonriendo del trato (con el coche y con dignidad).

1. REVISIÓN BÁSICA: COSAS QUE PUEDES MIRAR TÚ MISMO

✓ *EXTERIOR*

Pintura uniforme: si hay parches de color raro o zonas con más brillo, igual ha tenido fiesta.

Grietas, rayones, golpes: incluso los disimulados con rotulador negro.

Estado de las llantas: si están todas diferentes, ese coche ha vivido.

Neumáticos: que estén igual de gastados, sin bultos ni pelados. Desgaste irregular = alineación mal.

Cristales: busca impactos, grietas o logos diferentes (sustituciones sospechosas).

✓ *INTERIOR*

Volante, pomo y pedales: si están más gastados de lo que el kilometraje indica, algo no cuadra.

Tapicería: si hay fundas, pregúntate qué esconden.

Olores: a humedad, a moho o a intento de encubrimiento con ambientador extremo.

Funcionamiento eléctrico: prueba todo lo que tenga botón.

✓ *MOTOR*

Abre el capó (sí, tú).

Fugas de aceite = mal.

Tubos resecos o rotos = descuido.

Nivel de aceite y color = si parece brea, mal.

Refrigerante marrón o bajo = huye.

2. LA PRUEBA DE FUEGO: ARRANQUE EN FRÍO Y PRUEBA EN MOVIMIENTO

LLEGA ANTES

Si el coche ya está caliente, **sospecha**.

AL ARRANCAR

- ¿Ralentí estable? Bien.
- ¿Temblores, petardeos, ahogos? Mal.

CONDUCCIÓN

- ¿Dirección recta?
- ¿Frena sin vibrar?
- ¿Cruje en badenes?
- ¿Hace ruidos raros al girar?
- ¿Hay testigos encendidos?

3. QUÉ DEBERÍA ASUSTARTE (Y NO TE LO DICEN)

- Luces del motor apagadas, pero OBD dice que hay errores → lo resetearon.
- Suspensión blanda como pan de molde → no se aguanta.
- Cambio automático con tirones → huye.
- Mucha carbonilla en el escape → mal mantenimiento o DPF (filtro de partículas diésel) hasta el cuello.
- Historial de ITV con fallos repetidos → coche reincidente.

4. EL INFORME DE VEHÍCULO: QUÉ DEBES MIRAR SÍ O SÍ

Cambios de titular frecuentes

Tres dueños en dos años = señal de coche problemático o «revendido en cadena».

Kilómetros incoherentes

Decrecen misteriosamente o se mantienen igual durante tres años → no cuadra.

Provincias cambiantes

Pasar por varias comunidades autónomas en poco tiempo puede ser lavado de cara o turisteo mecánico.

Última ITV

¿Defectos leves? Pide el acta. A veces son «tonterías», a veces son frenos.

5. FRASES DE VENDEDOR TRADUCIDAS A ESPAÑOL REAL

Lo que dice	Lo que quiere decir
«Va fino fino»	No lo he llevado al taller nunca
«No le hace falta nada»	Le hace falta de todo, pero aún anda
«Solo tiene cosas estéticas»	Mecánicamente no te lo puedo defender
«Mejor que lo veas tú mismo»	No quiero contarte lo que le pasa
«Lo vendo porque no lo uso»	Me he cansado de arreglarlo

6. DETALLES TONTOS QUE DICEN MUCHO

- Alfombrillas destrozadas: no cambia nada, pero lo dicen todo.
- Gato o herramientas de serie ausentes: chapuzas anteriores.
- Pegatinas que cubren rozaduras.
- Fundas de asiento nuevas: igual no es por gusto.
- Maletero con olor fuerte: filtración, moho, o cadáver de ambientador.

7. MINILISTA PARA IMPRIMIR O LLEVAR EN EL MÓVIL

Ítem	OK / KO
Nivel de aceite correcto y limpio	
Ralentí estable al arrancar	
Frenada sin vibraciones	
Neumáticos parejos y recientes	
Cambio de marchas suave	
Todo lo eléctrico funciona	
Historial claro y sin lagunas	
Sin fugas ni manchas bajo el coche	
Prueba en frío hecha por ti	
OBD sin errores ocultos	

PLANTILLA DE VALORACIÓN TOTAL DEL COCHE

Rellena esta ficha. Si el coche aprueba con más de un 80... dale una oportunidad. Si no, dile adiós con la cabeza alta.

ÁREA	NOTA (1-10)	COMENTARIO RÁPIDO
Arranque en frío		¿Suave? ¿Tiembla? ¿Hace cosas raras?
Ralentí y estabilidad		¿Se mantiene firme? ¿Tiembla como un flan?
Cambio de marchas		¿Va suave o suena a caja registradora?
Dirección / Suspensión		¿Cruje, flota o va firme?
Frenada		¿Se clava bien? ¿Vibra? ¿Tira de un lado?
Motor en conducción		¿Empuja bien? ¿Hace ruidos inquietantes?
Testigos en cuadro		¿Todos se apagan al arrancar? ¿Hay luces sospechosas?
Estado del interior		¿Pomo pelado? ¿Volante comido? ¿Huele raro?
Estado del exterior		¿Golpes? ¿Pintura rara? ¿Piezas mal alineadas?

Neumáticos y llantas	¿Parejos? ¿Gastados? ¿Llantas de otro coche?
Fugas / Manchas bajo el coche	¿Seco como la dignidad o chorrea tristeza?
Historial e informe	¿Claro y coherente o novela de misterio?
Comportamiento en carretera	¿Transmite confianza o miedo escénico?
Extras funcionales (climatizador, elevalunas, etc.)	¿Funciona todo o hay botones de adorno?
Impresión general	¿Te gusta conducirlo? ¿Lo sientes tuyo o ajeno?

TOTAL: / **150**

RESULTADO FINAL:

130–150: Este coche es un sí grande y rotundo. Aplausos y papeles.

100–129: Aceptable. Con cariño y ajustes, puede ser tu compañero fiel.

80–99: Zona de riesgo. Requiere amor, inversión o exorcismo mecánico.

Menos de 80: Huye sin mirar atrás. Y bloquea el contacto del vendedor.

MODIFICAR O MORIR: GUÍA PARA TUNEAR SIN ARRUINARTE

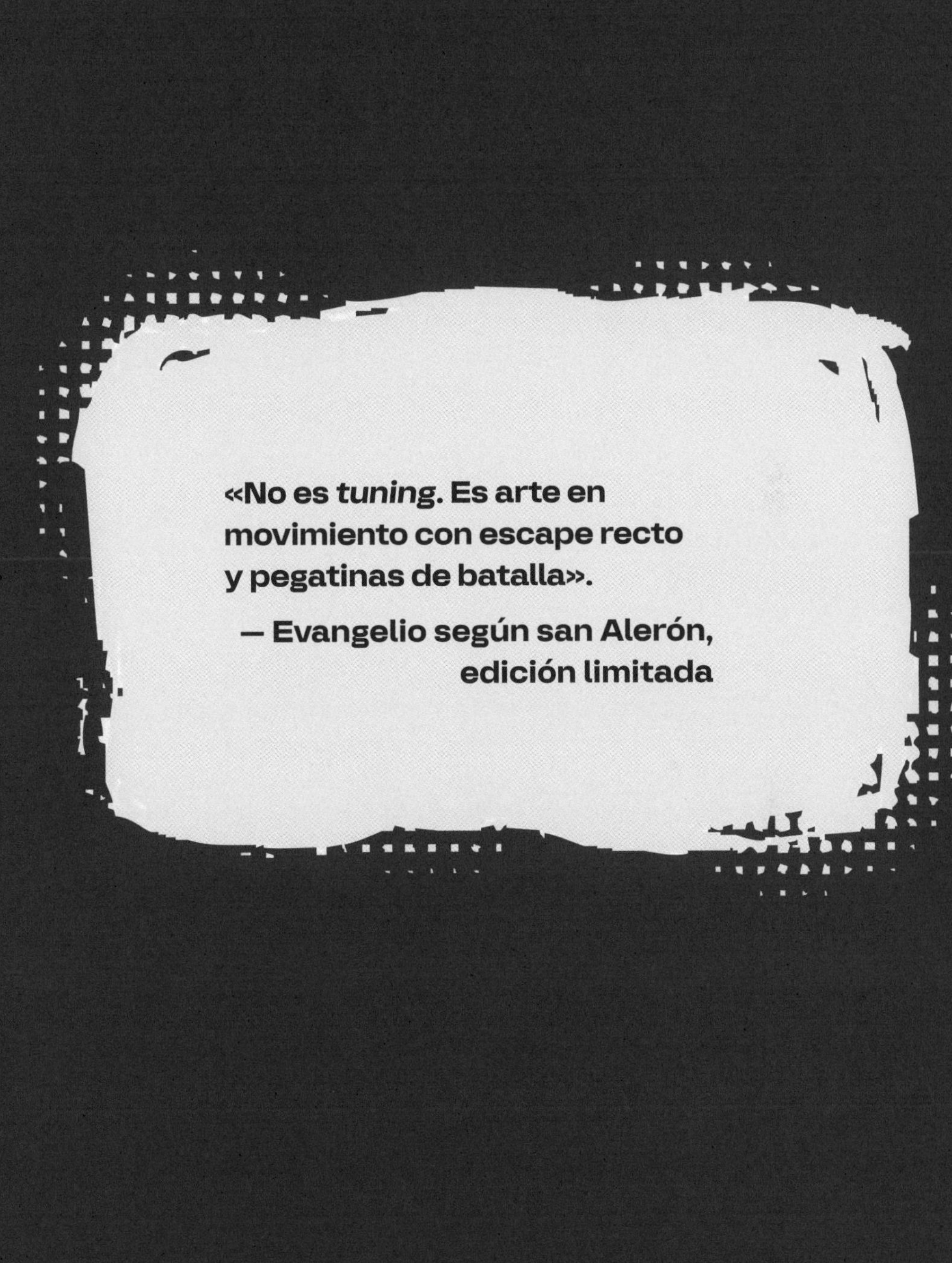

«No es *tuning*. Es arte en movimiento con escape recto y pegatinas de batalla».

— Evangelio según san Alerón, edición limitada

Personalizar tu coche es como hacerte un tatuaje: puede quedar de locos... o puedes acabar escondiéndolo debajo de una camiseta toda tu vida. Aquí no venimos a juzgar —bueno, un poco sí—, sino a enseñarte qué se puede hacer, cómo y, sobre todo, cuándo parar.

Modificar un coche no es solo ponerle neones y un alerón de dragón en celo. Es un ritual, una forma de convertir un simple medio de transporte en tu nave espacial. Es el arte de enseñar sin hablar que tú no eres uno más del atasco. Es la diferencia entre conducir y pilotar.

Aquí te dejamos una guía para modificar con gracia, cabeza y estilo. Spoiler: también la hemos liado, así que, si metes la pata, bienvenido al club.

«Cuando algo no encaje al montar, no insistas: para, respira... Y busca el tornillo que te sobra».

LOS TRES MODS DEL APOCALIPSIS TUNING

ESTÉTICA

«Lo primero que entra por el ojo, no lo olvida el corazón... ni la DGT».

- Llantas que enamoran.
- Colores que hipnotizan.
- Vinilos, alerones, difusores, parasoles con tu usuario online.
- Interior tuneado, luces led, pintura en las pinzas.

CHASIS

«Antes de correr, aprende a bailar».

- Suspensión roscada que baja el coche al inframundo.
- *Silentblocks* de poliuretano (más duros que tu ex).
- Caída, convergencia, estabilizadoras… El coche deja de ser barca y se convierte en kart.

RENDIMIENTO

«Sí, puede que suene como un demonio pero sin frenos, también mueres como uno».

- Filtros cónicos, escapes rectos, *intercoolers*.
- Reprogramaciones, admisiones, turbos.
- Pinzas más grandes, latiguillos metálicos y pastillas decentes (las de freno, no las del *after*).

¡Primero que gire y frene, luego que corra! La potencia sin control solo sirve para salir en TikTok… estampado.

DICCIONARIO DEL TUNEADOR NOVATO

PARA ENTENDER QUÉ TE ESTÁN DICIENDO CUANDO TE HABLAN CON GRASA EN LAS MANOS

Porque cuando entras en el mundo del motor, te das cuenta de que nadie habla **normal**. Aquí tienes una guía para no parecer perdido cuando alguien suelte cosas como «esto va pasado de convergencia, pero va guapo» o «le monté una admisión directa con caja fría y ahora pita como microondas ninja».

ADMISIÓN DIRECTA

Sistema que mete aire al motor más alegremente que el original. También genera ruido guapo y miradas confusas en los semáforos.

Tuneador dice: «Se lo puse por rendimiento».

Traducción real: «Me encanta cómo suena cuando piso».

ALERÓN

Pieza colocada detrás para dar carga aerodinámica a alta velocidad. En ciudad sirve para:

- Presumir.
- Asustar a quien aparca detrás.
- Secar camisetas.

CUANTO MÁS GRANDE, MÁS PERSONALIDAD. O MÁS INSEGURIDAD.

BACA FUNCIONAL ESTÉTICA

Instalación en el techo que no lleva nada, pero queda de locos. Se pone solo para que parezca que vas a surfear, aunque vivas en Albacete.

CULATÓN

La parte trasera del coche. Donde muchos colocan escape, alerón, difusor... y la dignidad en forma de pegatina de «Baby on board *tuning* edition».

DESPIECE

Palabra que parece sacada de ***CSI***, pero significa desmontar un coche entero para venderlo por piezas.

Tuneador dice: **«Estoy mirando un despiece de Civic».**

Traducción real: **«Estoy buscando piezas a buen precio sin garantía y con historia de guerra».**

ESCAPE RECTO

Tubo de escape sin restricciones. Suena como si el coche gritara en varios idiomas a la vez. No es legal, pero qué alegría da cuando entras en un túnel.

HOMOLOGAR

Trámite para que lo que has hecho con el coche no te dé problemas en la ITV.

Tuneador avanzado dice: «Está todo homologado».

Traducción real: «He gastado más en papeles que en piezas».

ITV FRIENDLY

Modificación que, en teoría, no te tumban en la ITV. En la práctica, depende del día, del técnico, de su estado de ánimo y de si desayunó bien.

LLANTA DE SERIE

Rueda que traía el coche al nacer. Es funcional, sensata y muy fácil de odiar.

«La llanta de serie está bien».

No. No lo está.

MOQUETA RACING

Tela o alfombra interior que simula una estética de rally o coche de competición. También llamada «la alfombra que puse porque la otra daba vergüenza».

POMO PERSONALIZADO

Símbolo iniciático del ***tuning***. Se cambia aunque el resto del coche esté de serie. Primer paso, primer error primera caída en el abismo del «esto me lo hago yo».

REPRO / REPROGRAMACIÓN

Modificar la centralita para ganar potencia.

Efectos secundarios:

- Más par.
- Más consumo.
- Más sonrisas.
- Más probabilidades de decir: «Esto corre más de lo que parece».

SILENTBLOCK

Trocito de goma que evita que el coche vibre como un martillo neumático. Cuando se estropea, el coche empieza a sonar como si llevaras maletas llenas de herramientas.

Nadie sabe dónde están, pero todo el mundo jura que los ha cambiado.

ALERÓN FUNCIONAL NO HOMOLOGADO

Objeto de culto que suele estar atornillado con tornillos de dudosa procedencia. No se sabe si ayuda, pero queda que flipas.

SWAPPEAR

Cambiar el motor por otro más potente. También conocido como:

- «Lo que iba a ser un finde de montaje acabó convirtiéndose en tres meses de llanto».
- «Un plan sin fisuras (hasta que salió la primera fuga)».

TAPIZADO CON PERSONALIDAD

Intento de recubrir piezas del interior con vinilo, tela o alcántara. Resultado habitual: burbujas, arrugas, quemaduras con la pistola de calor y una promesa interna de no volver a hacerlo... hasta la semana siguiente.

TORNILLO PASADO DE ROSCA

Estado final de todo tornillo tocado por un novato con ansiedad y sin dinamométrica.
Consejo útil: media vuelta antes de que se parta. Literal.

VINILO EFECTO CARBONO

Decoración exterior o interior que simula fibra de carbono. Si está bien puesto: «agresivo». Si está mal: «Te lo ha hecho tu primo con fiebre».

WRAP

Forrar el coche entero con vinilo. Nivel Dios. Carísimo si lo hacen bien, un festival de arrugas si lo haces tú con el secador de tu madre.

ZAPATILLAS DE ANDAR POR CASA

No es un término técnico, pero es lo que llevas puesto cuando sales «solo a probar una cosa» y acabas en un polígono a las dos de la madrugada con la admisión abierta y el coche en reserva.

ORDEN LÓGICO PARA MODIFICAR (Y NO EMPEZAR POR LAS LUCES LED)

1. CHASIS: QUE EL COCHE SE AGARRE ANTES DE QUE VUELE

Antes de meter más caballos, asegúrate de que el coche no flota en las curvas. El chasis es la base. Si tu coche no se apoya bien, no frena bien ni gira bien, así que cualquier mejora de motor es un suicidio con extra de sonido.

TE FALTA **TÉCNICA**

Aquí tienes una lista de lo primero que deberías tocar:

- Suspensiones roscadas: regula altura y dureza.
- *Silentblocks* de poliuretano: menos juego, más control.
- Estabilizadoras: para que el coche no se mueva como una barca.
- Reguladores de caída/convergencia: ponlo fino para que gire como quieres.

2. ESTÉTICA: EN PARALELO, PERO CON CABEZA

Mientras mejoras el chasis, puedes ir metiendo mano a la estética. Aquí es donde se dispara la autoestima y el «efecto placebo»: el coche no va más rápido, **pero tú sientes que sí**.

EFFECTO SECUNDARIO:

TU COCHE PARECE NUEVO. TÚ TE SIENTES PILOTO. LA GENTE MIRA MÁS, AUNQUE SIGAS TARDANDO CATORCE SEGUNDOS DE 0 A 100.

Visualmente ya es otro coche, aunque corra igual de poco, pero te lo crees. Y eso se nota.

3. *RENDIMIENTO: AQUÍ ES DONDE SE VA LA PASTA [Y DONDE MÁS LA PUEDES LIAR]*

El motor, la electrónica, el escape... Esto es lo que pone los vídeos en TikTok y vacía tu cuenta bancaria. Aquí no se improvisa. Si no sabes lo que haces, mejor pregunta antes de desmontar media admisión para poner un filtro sin sentido.

MODIFICACIONES DE RENDIMIENTO MÁS TÍPICAS

- Reparación ligera (con cabeza y en taller de confianza).
- Filtro cónico con toma de aire frío.
- Escape menos restrictivo (pero sin volverte loco con el ruido).
- Cambio de colectores.
- Mejora de embrague o volante motor (si ya vas en serio)

Los tutoriales de YouTube no arreglan coches. Tú sí, si no te flipas.

TE FALTA **TÉCNICA**

No lo hagas solo si...

- ... no sabes qué hace cada sensor de tu coche.
- ... usas cinta americana como solución permanente.
- ... tu taller de confianza es «el primo del colega que estudió electrónica».

«La potencia sin conocimiento es como un turbo sin aceite: explosiva y carísima».

FRASES TÍPICAS DE GENTE QUE MODIFICA COSAS SIN SABER

- «Este alerón da más agarre» (en ciudad, a 30 km/h).
- «Con esta reprogramación el coche vuela» (y luego se apaga al ralentí).
- «Las pegatinas dan cinco caballos por unidad» (y el ego sube diez más).
- «Le puse unas luces led que parecen de avión» (sí, de los de Ryanair) .

MODIFICACIONES LOW COST QUE SIEMPRE FUNCIONAN (O PARECE QUE FUNCIONAN)

No necesitas un banco de potencia ni una VISA platino para empezar a dejar tu coche guapo. Hay modificaciones que, por menos de lo que cuesta cenar fuera, te hacen sentir como si llevaras un proyecto profesional de taller con nombre inglés.

Aquí van las que más suben el *flow* por menos dinero (y con riesgo de error bajo).

1. PINTAR LAS PINZAS DE FRENO

Precio:	15-20 €
Dificultad:	Baja si sabes quitar una rueda. Media si no
Impacto visual:	Alto

Solo necesitas pintura anticalórica en espray, una lija y un poco de cinta de carrocero para no manchar el disco. Resultado: el coche se ve más deportivo y da la sensación de que has tocado la frenada, pero no.

PINTAR LAS PINZAS ES COMO PINTARTE LAS UÑAS PARA IR AL GIMNASIO: NO MEJORA TU FUERZA, PERO TODOS TE MIRAN DISTINTO.

2. *PULIR LOS FAROS QUEMADOS POR EL SOL*

Precio: 10-15 €

Dificultad: Baja-media

Impacto visual: Muy alto si los tienes amarillentos

Compra un kit de pulido (o pasta de dientes si eres de la vieja escuela), frota con ganas y devuelve la juventud a tus faros. Pasas de coche abandonado a coche recién salido del *detailing.*

Si aplicas después un barniz transparente o protector UV, te dura mucho más.

3. *POMO NUEVO Y SHORT SHIFTER BARATO*

Precio: 10-25 €

Dificultad: Baja (el *short shifter* un poco más)

Impacto visual: Muy alto

Un pomo nuevo cambia completamente la sensación al conducir. Si además le montas un *short shifter* (recorrido corto de marchas), la conducción se vuelve más directa y agresiva. Parece que llevas un coche de rally aunque estés en tercera por el centro comercial.

4. *LIP UNIVERSAL DELANTERO*

Precio: 20-30 €

Dificultad: Media (atornillar o pegar bien)

Impacto visual: Bestial

Va en el parachoques inferior delantero. Le da al coche un aspecto más bajo, agresivo y afilado. Si lo combinas con una bajadita de suspensión, prepárate para mirar tu coche cada vez que lo aparques.

CONSEJO DE INSTALACIÓN:

MIDE BIEN, MÁRCALO TODO ANTES DE ATORNILLAR Y TEN CINTA DE DOBLE CARA POR SI ACASO.

5. *LUCES INTERIORES LED + PARASOLES CON LOGO*

Precio conjunto: 15-20 €

Dificultad: Mínima (nivel «enchufa y listo»)

Impacto visual: Alto en ambiente, medio en funcionalidad

Pasar de bombillas amarillas a luces led blancas en el interior rejuvenece el coche como un *lifting*. Y si encima pones parasoles con logo de tu modelo o marca, parece que vienes de una presentación oficial en Ginebra.

CON CUATRO LUCES LED Y UN LOGO BORDADO, CONVIERTES UN TWINGO EN UN CONCEPT CAR DE FERIA DE TUNING.

6. VINILOS PEQUEÑOS O DETALLES EN FIBRA (FAKE PERO MOLAN)

Precio conjunto:	10-20 €
Dificultad:	Baja si tienes pulso y paciencia
Impacto visual:	Depende de dónde lo pongas (manetas, interior, retrovisores)

Vinilo de carbono, de color, cromado o mate. Recorta bien, limpia antes de aplicar, y transforma detalles aburridos en cosas que parecen traídas de otro coche.

NO LO HAGAS EN ZONAS CURVAS SI NO TIENES PISTOLA DE CALOR O PACIENCIA INFINITA. TE SALDRÁN BURBUJAS COMO EN UN PROTECTOR DE MÓVIL MAL PUESTO.

7. COLA DE ESCAPE DECORATIVA

Precio conjunto: 15-30 €
Dificultad: Nivel abrazadera y listo
Impacto visual: Alto (aunque no suene más, da el pego)

Para escapes que miran al suelo como si tuvieran vergüenza. Le pones una cola cromada o negra con diseño gordo y parece que llevas un coche que ruge, aunque solo ronronee.

NO ES POTENCIA REAL, PERO EN INSTAGRAM CUELA.

LO QUE NO DEBERÍAS HACER (PERO HARÁS IGUAL)

Aquí tienes el Top 5 de cagadas clásicas del novato del *tuning*:

- Poner suspensión bajada sin pensar en los badenes.
- Colocar alerones como bandejas de horno.
- Instalar un escape recto que retumba más que corre.
- Pintar piezas con espray sin lijar. Spoiler: se cae.
- Poner vinilos sin planear... y luego parecer una furgoneta de helados galáctica.

TOP 10 DE MODS DE BAJO PRESUPUESTO (Y ALTO IMPACTO VISUAL)

MOD	PRECIO	EFECTO
Cambiar pomo del cambio	5 €	Interior nivel JDM pro
Funda de volante	10 €	De asco a abrazable
Lip universal	15-25 €	Le cambia la cara entera
Pintar pinzas	10 €	Rejuvenecimiento instantáneo
Alerón: hazlo tú mismo	< 10 €	Nivel *Need for Speed* casero
Cola escape decorativa	25 €	Adiós tractor, hola turbo-*fake*
Tapizado con Alcántara adhesiva	15 €	Interior VIP sin serlo
Short shifter	15 €	Cambios que dan gustirrinín
Parasoles personalizados	10 €	+ 10 de carisma
Pulido	10 €	Quita años como Photoshop

TUNING DE INTERIORES EN SERIO (Y CON MUCHA MAÑA)

Bienvenido al lado más olvidado del *tuning*: el interior. Porque sí, todos piensan en llantas, alerones y escapes... pero ¿y lo que ves y tocas todos los días? Si vas a pasar horas dentro de tu coche, que sea en un sitio digno, bonito y con personalidad. Y si además lo haces por cuatro duros, mejor todavía.

1. TAPIZADOS «HAZLO TÚ MISMO»: DE COCHE NORMALITO A NAVE ESPACIAL

Tapizar piezas interiores con vinilo, polipiel o Alcántara adhesiva es una de las formas más baratas y efectivas de cambiar el rollo del coche. Ideal para techos, pilares, puertas o consola central.

NECESITAS

- **Vinilo adhesivo o Alcántara con pegamento**
- **Cúter afilado**
- **Paciencia**
- **Buen gusto (opcional, pero recomendable)**

IDEAS FRESCAS

- Consola central en negro brillo o fibra.
- Paneles de puerta en Alcántara.
- Molduras en vinilo satinado o imitación de aluminio.
- Tapizado del techo en negro para efecto cabina prémium.

2. ILUMINACIÓN AMBIENTAL: CONVIÉRTELO EN UN LOUNGE BERLINÉS

Las luces led interiores bien puestas hacen que tu coche pase de taxi sin taxímetro a cabina de avión en clase preferente. Puedes elegir líneas led flexibles para molduras o tiras bajo los asientos y reposapiés.

NECESITAS

- Kit led (USB o para mechero)
- Cableado discreto
- Regla de oro: menos es más

TE FALTA **TÉCNICA**

Elige un solo color para no parecer una nave gamer con epilepsia. Azul, rojo tenue o blanco cálido = bien, gracias. RGB con estrobo = por favor, no.

3. MOQUETAS Y ALFOMBRILLAS PERSONALIZADAS

Parece una chorrada, pero unas alfombrillas nuevas con borde de color o tu logo bordado cambian completamente la percepción del coche. Y si vas más allá y pones moqueta personalizada, ya juegas en otra liga.

OPCIONES BARATAS

- Alfombrillas con ribete en color
- Moqueta cortada a medida (¡y pegada bien!)
- Añadir una moqueta tipo pista de *drifting* en el maletero solo por la fantasía

BONUS PARA INSTAGRAM:
HAZ UN «ANTES Y DESPUÉS» DEL SUELO. VAS A FLIPAR CON LA DIFERENCIA.

4. PINTURA PARA PIEZAS PLÁSTICAS INTERIORES

¿Tienes piezas descoloridas, rayadas o simplemente aburridas? Lijar, imprimar y pintar con espray para plásticos puede dejarlas como nuevas.

ZONAS IDEALES

- Marcos de aireadores
- Embellecedores
- Mangos de puertas
- Molduras de cuadro

HAZLO BIEN, O PARECERÁ UN COCHE DE FERIA ABANDONADO EN 2009.

5. DETALLES PRÉMIUM QUE PUEDES PONER TÚ MISMO

- Volante forrado con costura personalizada (si tienes maña, quedan brutal)
- Parasoles con logo bordado o vinilado
- Pomo de cambio con diseño específico
- Espejo retrovisor con embellecedor o vinilo protector
- Soportes magnéticos integrados para el móvil con estética OEM (*Original Equipment Manufacturer*)

TODOS POR MENOS DE VEINTE O TREINTE EUROS Y CON IMPACTO INMEDIATO.

SI EL INTERIOR HABLARA...

- ¿El pomo está pelado? = Cambia.
- ¿El volante te da grimilla? = Funda o forrado.
- ¿Los aireadores suenan como un huracán en lata? = Lubrica.
- ¿La radio es de casete y te mira con rencor? = Hora de actualizar.

MODIFICAR CON CABEZA (Y CÁMARA DEL MÓVIL)

- **Filtro cónico:** Aísla del calor o no sirve *pa' na*.
- **Escape recto:** Suena mejor, cuesta menos. Solo ojo con la poli.
- **Planifica antes de cortar:** Mide dos veces, corta una. O tu *lip* será un bumerán.
- **Foto antes de desmontar:** Parece una chorrada, hasta que te sobran tres tornillos y no sabes si eran del coche o del Ikea.

Una vez monté un alerón al revés. Quedaba guapo, pero hacía efecto vela.

ERRORES CLÁSICOS EN EL TUNING DE INTERIORES

No todo lo que brilla es oro: a veces, son luces led azul chillón pegadas con cinta de doble cara. Aquí tienes una lista de fallos reales que se cometen a menudo al tunear el interior, para que no te toque oír la frasecita: «¿Pero por qué le has hecho eso a tu coche?».

> **«UNA LUZ MAL PUESTA Y PASAS DE COCHE PERSONALIZADO A COCHE TUNELADORA DEL INFIERNO».**
>
> **— MANUAL DE AUTOCRÍTICA DEL TUNEADOR NOVATO**

1. PASARSE CON LAS LUCES LED Y PARECER UNA FERIA DE PUEBLO

Síntoma: Entras en el coche y parece que estás en un karaoke coreano. Hay luces en el salpicadero, las puertas, los reposapiés, el techo, el maletero y hasta el mechero brilla.

SOLUCIÓN

- **Un solo color**
- **Ubicación discreta**
- **Y, sobre todo:** que no te ciegue mientras conduces

Demasiada luz = demasiado *cringe*.

2. *PINTAR PIEZAS SIN LIJAR NI IMPRIMAR*

Síntoma: Al mes de pintar el marco del aireador, la pintura salta como un cromo viejo. Se queda pegajosa o se despega con las uñas.

SOLUCIÓN

- Lijado previo
- Imprimación para plásticos
- Capas finas y secado entre capas
- Barniz final si quieres que dure (y no parezca pintado por un Pikachu ciego)

Si pintas con ansia, la pieza te lo devuelve con odio.

3. *FUNDA DEL VOLANTE MAL COLOCADA*

Síntoma: La funda del volante se mueve, hace arrugas o se desliza mientras conduces.

SOLUCIÓN

- Compra una funda que se cosa o que ajuste bien
- Si se pega, que sea con buen adhesivo, no cinta de embalar
- Si te da pereza hacerlo bien... no la pongas

Un volante que gira sin que tú lo manejes no es *tuning*, es posesión demoníaca.

4. VINILOS MAL APLICADOS

Síntoma: Burbujas, esquinas levantadas, cortes mal hechos o vinilo arrugado como una sábana sin planchar.

SOLUCIÓN

- Pistola de calor
- Cúter afilado
- Tarjeta/plástico para alisar
- Pulso de cirujano o paciencia infinita

Si parece un forro de libro mal puesto, es que no está bien puesto.

5. DEMASIADAS COSAS COLGANDO DEL RETROVISOR

Síntoma: Tienes más colgantes que el retrovisor de una furgoneta de los noventa. Huelen raro y tapan más visión que una tormenta de arena.

SOLUCIÓN

- Uno, como mucho dos si combinan. El retrovisor no es un perchero místico

Si el ambientador choca con el parabrisas al frenar, es que te has pasado.

6. TAPIZADOS CHAPUCEROS

Síntoma: Parches mal pegados, vinilo que se suelta, techos con arrugas, puertas que ya no cierran igual porque pusiste la tela encima del pestillo.

SOLUCIÓN

- Mide, corta, ajusta.
- Desmonta siempre que puedas, tapiza por separado y vuelve a montar.
- Si no sabes, ve de menos a más: empieza por piezas fáciles.

Un buen tapizado no se nota. Uno malo se ve desde el aparcamiento.

7. PEGAR COSAS CON EL PEGAMENTO EQUIVOCADO (O CON CINTA DE DOBLE CARA DE BAZAR)

Síntoma: Todo se despega con el calor, las piezas se mueven, el vinilo no aguanta ni un viaje corto y el salpicadero parece una zona de combate entre cola blanca y cinta americana.

SOLUCIÓN

- Usa pegamento de contacto bueno (tipo Soudal, Pattex, etc.)
- O cinta VHB (la de verdad, no la de un euro)
- No escatimes en lo invisible. Lo barato sale volando... literal.

LO QUE NO DEBES HACER (A MENOS QUE TE GUSTE EL DRAMA)

- ✗ Reprogramar sin revisar motor.
- ✗ Tocar la electrónica sin saber.
- ✗ Poner piezas no compatibles (sí, ese alerón no entra en tu maletero).
- ✗ Modificar sin homologar y luego llorar en la ITV.

Hay gente que le mete tres mil euros en *mods* a un coche de ochocientos. Y lo respeto. Porque YO soy de esa gente.

EL DÍA DESPUÉS DEL MOD: CÓMO CAMBIA TU RELACIÓN CON EL COCHE

UNA HISTORIA DE AMOR, HYPE, DUDA Y REAFIRMACIÓN CON TORNILLOS DE POR MEDIO.

Modificar el coche no es solo mejorar algo. Es establecer un nuevo vínculo. Lo que empieza como «s solo un pomo» o «son solo unas pinzas rojas», termina convirtiéndose en **un antes y un después** en tu vida como conductor.

Aquí te dejamos la cronología emocional exacta del tuneador medio después de meterle mano a su coche.

DÍA 1 - LA FASE LUNA DE MIEL

Lo acabas de instalar. Lo miras como si fuera un milagro mecánico.

Le das vueltas alrededor como si fuera una escultura en el Louvre.

Sacas fotos. Muchas. Desde todos los ángulos. Con y sin flash.

Te inventas excusas para usar el coche: «Voy a dar una vuelta para ver si se ha asentado bien».

Frase típica:	«Es que ahora sí parece mío»
Nivel de *hype*:	9/10
Nivel de objetividad:	0/10

DÍA 3 - EL PUNTO DE OBSESIÓN

Ya se lo has contado a todo el mundo. A los que te entienden y a los que te miran raro.

Haces que tu copiloto lo mire. Aunque no quiera.

Subes la foto a Instagram. Nadie entiende el cambio, pero tú sí.

Empiezas a pensar: «¿Y si ahora le cambio también...?».

Frase típica:	«No es por estética, es funcional»
Nivel de *hype*:	11/10
Nivel de contención:	en negativo

DÍA 7 - EL MINISÍNDROME POSMOD

Te preguntas si lo necesitabas de verdad. Pero no lo admitirás jamás.

Notas que nadie lo comenta. Empiezas a justificarlo antes de que pregunten.

Lo limpias a diario, como si el polvo fuera veneno.

Te empieza a parecer normal. Necesitas algo más. Tu cerebro grita: «¡Siguiente!».

Frase típica:	«Bueno, ya que estoy, podría...»
Nivel de duda:	6/10
Nivel de coherencia presupuestaria:	arrasado

DÍA 14 - LA ACEPTACIÓN ABSOLUTA

Ya es parte de ti. Del coche. De la historia.

Lo integras en tu identidad: «Este pomo define mi estilo de conducción».

Lo usas como argumento para otros cambios: «Como ya llevo esto, ahora tendría sentido aquello...».

Casi se te olvida cómo era antes. Y no quieres recordarlo.

Frase típica:	«No entiendo cómo no lo hice antes»
Nivel de fusión hombre-coche:	8/10

DÍA 30 - LA LLAMADA DEL NUEVO MOD

Miras tu coche... y sientes que le falta algo. Otra vez.

Ya estás navegando en foros.

Haces listas en la cabeza (y en el móvil).

Empiezas frases con «Solo una cosa más...» y terminas gastando otros doscientos euros en algo que no necesitas, pero sí quieres.

Frase típica:	«El *tuning* es una filosofía, no un gasto»
Nivel de fusión hombre-coche:	compatible con felicidad

UN MOD NUNCA ES SOLO UN MOD. ES UNA PUERTA QUE ABRES. UNA VEZ QUE LA CRUZAS, YA NO VUELVES. NO TE ARREPIENTES, PERO TAMPOCO TE DETIENES. PORQUE SI TU COCHE CAMBIA, TÚ TAMBIÉN.

No empieces con herramientas caras. Compra la barata, rómpela aprendiendo y luego, ya con lágrimas en los ojos, invierte en la buena. Así empieza el ciclo *tuning* de maduración.

PREGUNTAS QUE DEBERÍAS HACERTE ANTES DE CADA MOD

Y LAS RESPUESTAS REALES QUE NO QUIERES OÍR

Modificar un coche es como hacerte un tatuaje: siempre hay una voz que te dice «piénsatelo». Esta sección es esa voz. Otra cosa es que la ignores.

Aquí van las **preguntas** que **deberías plantearte** antes de meterle mano al coche y las **respuestas** que **seguramente ya conoces**.

¿Realmente lo necesito?

LO QUE DEBERÍAS RESPONDER

«No. No lo necesito. El coche va bien».

LO QUE VAS A DECIRTE

«Lo necesito emocionalmente».

¿Mejora algo... o solo se ve guapo?

RESPUESTA IDEAL

«Mejora el comportamiento, la eficiencia, el agarre...».

RESPUESTA REAL

«*Bro*, brilla. ¡Y hace clic al cambiar!».

¿Sé instalarlo yo solo?

TÚ CONTESTAS

«Claro. He visto un tutorial de doce minutos con música electrónica de fondo».

LA REALIDAD

Has pedido tres herramientas por Amazon que no sabes para qué sirven. El coche ya está medio desmontado. Y tienes grasa en la ceja.

¿Es compatible con mi coche?

TÚ PIENSAS

«Si entra, es compatible, ¿no?».

LA VERDAD

Has forzado piezas. Has hecho agujeros. Has dicho «ya da igual». Y ahora el maletero no cierra del todo.

¿Voy a tener problemas en la ITV?

TÚ

«Depende de si les pillo de buen humor».

LA ITV

«Hola. ¿Ese alerón lo has homologado con el Ministerio de Defensa?».

¿Estoy seguro de que me gusta?

LO QUE DIRÁS EN REDES

«Queda brutal».

LO QUE PENSARÁS AL TERCER DÍA

«¿Y si me he pasado?».

¿Voy a querer cambiarlo dentro de un mes?

TU MENTE

«Este es el último *mod*, lo juro».

TU HISTORIAL

Llantas. Escape. Pomo. Suspensión. Vinilo. Y ya estás mirando focos con luz diurna que hacen un corazón cuando frenas.

¿Cuánto me va a costar de verdad?

PRECIO EN TIENDA

29,99 €

PRECIO REAL

29,99 € +
tornillos
cinta
herramienta nueva
pieza que rompiste al montarlo
dignidad
= 84,17 € + trauma leve

¿Puedo volver atrás si me arrepiento?

RESPUESTA LÓGICA

Sí. Todo es reversible.

REALIDAD

Sí. Pero te da una pereza que lo vas a dejar así y vas a decir que te encanta.

¿Lo hago por mí o para que me miren?

TÚ DICES

«Lo hago por mí».

PERO CASUALMENTE...

- Te haces una *story*.
- Vas por calles estrechas a poca velocidad.
- Aparcas donde más se te ve.
- Y haces ruido en túnel como si grabaras el tráiler de *Fast & Furious: Distrito Postal.*

CONCLUSIÓN SINCERA:

No pasa nada por responder mal a todas estas preguntas, lo importante es que tú y tu coche seáis felices. Y si no lo eres, siempre puedes buscar otro *mod*.

TEST: ¿ERES RACIONAL O IMPULSIVO?

Responde con sinceridad. Tu coche ya sabe la verdad.

1. **Ves un pomo de aluminio con led. ¿Qué haces?**
   a. Me informo: ¿mejorará el tacto? ¿Encaja con mi modelo?
   b. Lo compro. Y luego ya veré cómo lo monto.

2. **Cuando ves un *mod* en Tik-Tok con la frase «Lo necesitas ya»:**
   a. Busco opiniones, foros y tutoriales antes de mover un dedo.
   b. Ya está en el carrito. Estoy pagando con el móvil.

3. **Te llega la pieza. ¿Qué haces?**
   a. Compruebo medidas, leo las instrucciones y preparo las herramientas.
   b. Abro la caja y empiezo a desmontar con el destornillador del cajón de los cuchillos.

4. **¿Conoces las consecuencias legales y técnicas del *mod* que vas a hacer?**
   a. Por supuesto. Me he leído el BOE y he preguntado a dos mecánicos.
   b. ¿Consecuencias de qué?

5. **¿Tienes un presupuesto mensual para *tuning*?**
   a. Sí, lo controlo. Si no, me fundo la nómina.
   b. No, pero tengo PayPal y fe.

6. **¿Has usado alguna vez cinta americana como solución «temporal»?**
   a. Sí. Una vez. Y luego lo arreglé bien.
   b. ¿Temporal? ¡Si eso aguanta más que la relación con mi ex!

7. **¿De cuántos *mods* dijiste que era «el último»?**
   a. Uno. Por ahora.
   b. Llevo siete «últimos». Y el octavo ya está de camino.

RESULTADOS

Mayoría de A

EL MODERADO MECÁNICO

Eres sensato, precavido, metódico. Tus *mods* tienen sentido. Están pensados y justificados. Puede que incluso estén homologados.
Tu coche te respeta, y tú a él.

Mayoría de B

EL ANIMAL DE LA LLAVE ALLEN

Modificas como respiras. Instalas primero, piensas después. Eres el Messi del «ya que estamos...».

Tu coche sufre, pero brilla. Y tú no te arrepientes. Casi nunca. «No es *tuning*, es instinto».

Empate A/B

EL INDECISO DEL PAR MOTOR

Tienes tus días. Unos te comportas y otros compras un alerón en una gasolinera. Tu coche nunca sabe si le toca mimo o trauma, pero al menos nunca se aburre.

GALERÍA DE MODIFICACIONES ABSURDAS (PERO REALES)

Cuando el *tuning* deja de ser una mejora y se convierte en una declaración de guerra estética.

Hay una frontera muy fina entre personalizar un coche y hacerle daño. Esta sección rinde homenaje a esos valientes que **cruzaron esa línea sin mirar atrás**. Son artistas, son pioneros, son... un poco peligrosos.

Bienvenidos al Salón Internacional del *Tuning* Desquiciado.

1. EL ALERÓN DE TABLA DE PLANCHAR

Procedencia:	Polonia (pero hay casos en Murcia)
Material:	Madera pintada, acero oxidado y tornillos de fe
Finalidad:	Ninguna. Quizá secar camisetas
Comentario del jurado:	«Un homenaje al vuelo sin alas y un sinsentido de la proporción»

2. ESCAPE DE TUBO DE PVC DE FONTANERÍA

Detectado en:	Foros franceses de *modding* doméstico
Ruido:	Nulo
Estética:	Cuestionable
Crítica especializada:	«Una instalación de arte conceptual sobre la fragilidad del sonido»

3. LLANTAS PINTADAS A BROCHA (SIN DESMONTAR)

Detectado en:	Aparcamiento de centro comercial
Colores usados:	Rojo, plata, negro, verde fosforito. A veces todo a la vez
Resultado:	Textura «escama de dragón mojado»
Valor artístico:	Alto en intención, bajo en precisión

4. NEONES INTERIORES QUE PARPADEAN AL RITMO DE LA MÚSICA

Fuente de energía:	Mechero + cableado estilo bomba casera
Efectos secundarios:	Migrañas, convulsiones, problemas de visión nocturna
Comentario del público:	«Ideal si quieres que te multen y te inviten a una rave a la vez»

5. DIFUSOR CASERO CON TUBOS DE PVC

Ubicación:	Bajo el parachoques
Fijación:	Bridas y esperanza
Efecto:	Lo que pierde en aerodinámica lo gana en estética de tubo de calefacción
Reflexión curatorial:	«Instalación minimalista que explora el vacío interior del *mod* sin sentido»

6. VINILO IMITACIÓN DE FIBRA DE CARBONO CON BURBUJAS

Uso común:	En consola central, retrovisores, el alma del coche
Colocación:	Sin calor, sin paciencia, sin piedad
Resultado:	El coche parece envuelto en papel de regalo arrugado
Comentario de experto:	«Una obra inacabada. Esperamos que siga inacabada para siempre»

7. TECHO INTERIOR DE PELUCHE ROSA

Material:	Alfombra de baño reconvertida
Adhesión:	Pegamento de colegio
Impacto emocional:	Alto. Atrae miradas y rechaza respeto
Comentario crítico:	«Un manifiesto visual de la ternura mal entendida»

8. EMBELLECEDORES DE FRENO FALSOS (PINTADOS EN EL DISCO)

Técnica:	Plantilla de cartón + espray + fe
Duración:	Hasta la primera frenada fuerte
Nivel de «hazlo tú mismo»:	Dios nivel cero
Comentario final:	«Un guiño visual a la velocidad que nunca llegará»

9. PARAGOLPES FIJADO CON CINTA AMERICANA (EDICIÓN LIMITADA)

Colores:	Negro, gris, rojo o camuflaje
Textura:	Pegajosa, vibrante, vintage
Resultado:	Una declaración de independencia del parachoques
Crítica final:	«Pieza con vida propia. Literalmente»

10. ALERÓN HECHO CON UN PALET

Material:	Palet de obra + tornillos + pintura en espray
Efecto real:	Más carga emocional que aerodinámica
Crítica curatorial:	«La revolución del reciclaje aplicada al automóvil y al mal gusto»

¿GENIOS O PSICÓPATAS DEL GARAJE?
TÚ DECIDES. PORQUE, EN EL FONDO, TODOS LOS TUNEADORES HEMOS PENSADO EN HACER ALGUNA DE ESTAS BARBARIDADES. LO MALO ES QUEALGUNOS LAS HAN HECHO.

CREA TU MOD ABSURDO SOÑADO

Porque el *tuning* también es fantasía, desvarío y espray mental.

Ahora te toca a ti. Después de ver las joyas que han hecho otros valientes del garaje, ha llegado tu momento: diseña la modificación más absurda, inútil o estéticamente discutible que se te ocurra, pero que harías encantado.

Da igual si es legal, posible o recomendable. Esto va de sueños *tuning*, no de homologaciones.

NOMBRE DEL MOD:

DESCRIPCIÓN ÉPICA:

Ej.: «Alerón solar plegable con luces de Navidad».

¿QUÉ HACE, QUÉ APARENTA Y QUÉ NO DEBERÍA HACER, PERO HACE IGUAL?

¿DÓNDE LO PONDRÍAS?

- ○ Exterior (¡que lo vea todo el mundo!)
- ○ Interior (secreto de culto)
- ○ Motor (aunque no funcione)
- ○ Maletero (tu laboratorio)

¿QUÉ MATERIALES USARÍAS?

- ○ PVC
- ○ Aluminio de lata
- ○ Cinta americana
- ○ Vinilo con textura de tortilla
- ○ Chapa de bidón
- ○ Otros:

¿QUÉ EFECTO PRODUCE?

- ○ Aumenta el ruido (sin razón mecánica)
- ○ Reduce la vergüenza ajena (o la incrementa)
- ○ Hace que los niños lo señalen por la calle
- ○ Da + 10 en autoestima, - 5 en ITV
- ○ Puro postureo sin función

¿CÓMO SE LLAMARÍA TU PROYECTO?

Ej.: Proyecto ÑAPA-X, La Bicha, Katakroker 1.9 TDi.

ESPACIO PARA TU BOCETO O FOTO

✏ (Aquí puedes dibujar tu invento, hacer un collage o escribir especificaciones como si fuera la ficha de un catálogo)

FIRMA TU LOCURA:

Nombre *tuning* o apodo de garaje:

TU COCHE, TU ESTILO

Un coche es más que una máquina con ruedas. Es tu espacio, tu guarida, tu cápsula de libertad. Es donde escuchas música como si nadie te juzgara, donde gritas solo en la carretera, donde has tenido conversaciones profundas, ideas tontas y, probablemente, algún lloro a oscuras.

Modificarlo no va solo de estética, ni de potencia, ni de postureo. Va de hacerlo tuyo. Cada pomo nuevo, cada led pegado con más esperanza que técnica, cada alerón casero y cada fallo corregido a base de prueba y error, habla de ti. De tus gustos, de tu historia, de tus ganas de aprender y de fallar sin miedo.

No hace falta tener un Ferrari para amar un coche. Basta con que, al salir del curro y ver el tuyo, pienses: «No está mal, ¿eh?».

Así que da igual que lleves un Civic tuneado, un 206 apañado o un Clio con vinilos que cortaste con un cuchillo de cocina. **Si el coche te representa, ya lo has hecho bien.**

Porque esto no va de coches perfectos: va de coches vividos y de conductores que no se conforman con dejarlo «como venía».

BONUS TRACK: LIADAS MECÁNICAS

Y COMO SALIMOS VIVOS

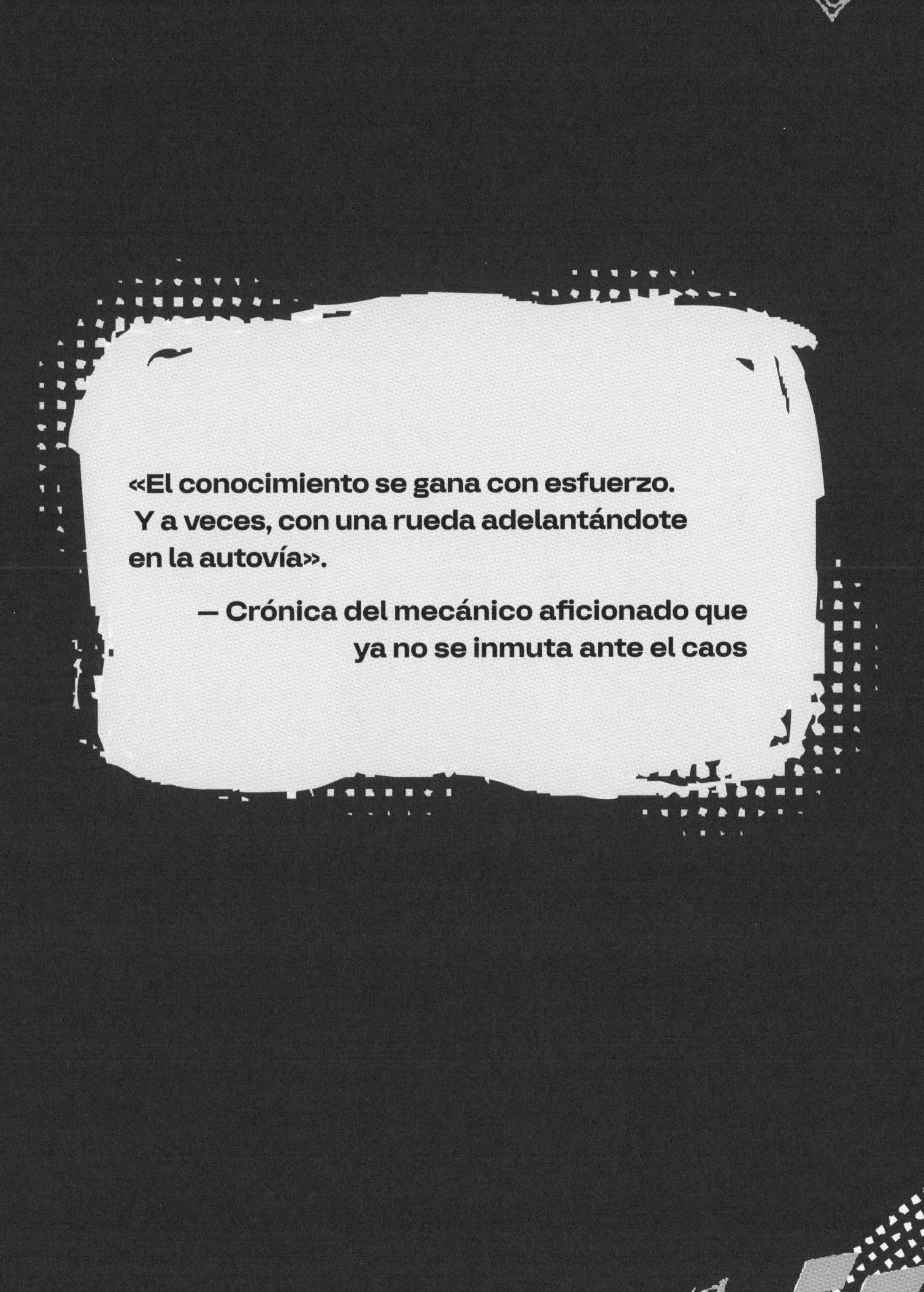

«El conocimiento se gana con esfuerzo. Y a veces, con una rueda adelantándote en la autovía».

— Crónica del mecánico aficionado que ya no se inmuta ante el caos

Todos tenemos un pasado. En algunos casos, está lleno de tornillos pasados de rosca, escapes que se caen en Navidad y ruedas que deciden independizarse en plena autopista. Aquí no venimos a presumir de coches perfectos. Venimos a rendir homenaje a las **liadas que nos enseñaron todo lo que no hay que hacer**. Las que dan risa ahora, pero casi provocan un microinfarto en su momento.

1. *LA RUEDA TRAICIONERA*

Nivel de gravedad:	9/10
Responsable:	Amilibia
Lección aprendida:	No subestimes el par de apriete

Un día, Amilibia le hizo un favor a Dani. Le puso las ruedas. Bueno, se las «acercó». Porque apretarlas, lo que se dice apretarlas, no. Resultado: en plena autovía, Dani nota algo raro. Oye un golpeteo y, al mirar por el retrovisor, ve como una de sus ruedas lo adelanta con decisión.

¿Milagro? Que no pasó nada grave. ¿Conclusión? Desde entonces, cuando alguien dice «ya están bien apretadas», se le pide documentación, certificado ISO y una muestra de ADN.

MORALEJA: SI VAS A TOCAR ALGO QUE TE MANTIENE EN CONTACTO CON EL SUELO, ASEGÚRATE DE QUE NO DECIDA DEJARTE.

2. EL EXTRACTOR DEL DEMONIO

Nivel de desesperación:	11/10
Responsable:	Dani
Lección aprendida:	La fuerza sin cabeza no sirve de nada

Estaba montando el K20 con más ilusión que técnica. Aprieta el soporte del motor y parte el tornillo. Intenta sacarlo con un extractor y parte el extractor. Usa una broca y también la parte. Resultado: un bloque con un tornillo, un extractor y una broca atascados dentro como si fuera una cápsula del tiempo mecánica.

Acabó recorriéndose media Coruña con el motor en la mano, literalmente, en busca de alguien que pudiera sacar los objetos atascados sin taladrar hasta Australia.

REFLEXIÓN FINAL: APRETAR ESTÁ BIEN, PERO MEJOR CON DINAMOMÉTRICA. Y SIN ANSIAS.

3. *EL FRENO SORPRESA TRAS EL LAVADO*

Nivel de ridículo:	Altísimo
Responsable:	Dani
Lección aprendida:	Un coche limpio no es un coche funcional

Después de lavar el coche, Dani pisa el freno para moverlo y... nada. Ni resistencia. El pedal va al fondo como si fuera de gelatina. ¿Motivo? Un latiguillo metálico reventado.

Estaba a doscientos metros de casa, pero con el coche sin frenos eso era básicamente estar en otro país. Sin herramientas a mano, se vio pidiendo un gato y unas llaves por Instagram. Desde el arcén.

CONCLUSIÓN: LIMPIAR ESTÁ BIEN, PERO SIN COMPROMETER LA SEGURIDAD. Y LLEVAR HERRAMIENTAS NO ES DE PARANOICOS: ES DE GENTE QUE YA SE HA QUEDADO TIRADA.

4. EL CIVIC OFF-ROAD Y LA COBERTURA FANTASMA

Nivel de comedia involuntaria:	10/10
Responsable:	Dani y dos amigos
Lección aprendida:	No todo camino es practicable. Y menos con el coche de tu abuela

Antes de tener el carnet, Dani y sus colegas cogieron el coche de su abuela para «practicar». Se metieron por un camino de barro, sin lógica, sin plan y sin sentido común. Resultado: coche atascado. Cobertura: cero. Iluminación: también cero.

Dos horas empujando, manchados de barro, rodeados de campo y mosquitos, hasta que consiguieron mover el coche como si fuera un arado con ruedas.

APRENDIZAJE VITAL: SI NO SABES LO QUE HAY AL FINAL DEL CAMINO, NO METAS UN COMPACTO DE GASOLINA DE HACE VEINTE AÑOS.

5. *ESCAPE LIBRE... EN PLENA NAVIDAD*

Nivel de improvisación:	Leyenda
Responsable:	Dani
Lección aprendida:	Tener piezas de repuesto en casa es de sabios, no de acumuladores

Volviendo del pueblo, se parte la línea de escape. Se abre entera desde los colectores. Un escándalo en cada cambio de marcha. Por suerte, en casa tenía un silencioso final guardado «por si acaso».

Lo cambió sin levantar el coche, con herramientas prestadas, en el suelo helado y en plenas fiestas navideñas. El coche sonaba como un grupo de gaitas enfadadas hasta que lo consiguió montar.

MENSAJE FINAL: EL ESPÍRITU NAVIDEÑO EXISTE. Y HUELE A ÓXIDO Y WD-40.

Si al montar algo oyes un crac, no es magia. Es que lo has hecho mal.

6. MICROLIADAS COTIDIANAS

- Derramar todo el bote de anticongelante dentro del motor porque no le has quitado el tapón al depósito.
- Pintar las pinzas... y los discos, los tornillos y el suelo del aparcamiento.
- Montar un pomo nuevo sin fijación, que salta cada vez que cambias a quinta.
- Vinilar la consola sin cortar bien, y que luego no entren las piezas.
- Dejar las herramientas dentro del capó y escucharlas rebotar a los quinientos metros.

¿Y tú, cuándo la li...? No. Seguro que ya la has liado. Todos tenemos un historial. Y si no lo tienes, no te preocupes: está al caer.

CONSULTORIO AUTOMOVILÍSTICO SIN FILTRO

RESPUESTAS SERIAS... O NO TANTO

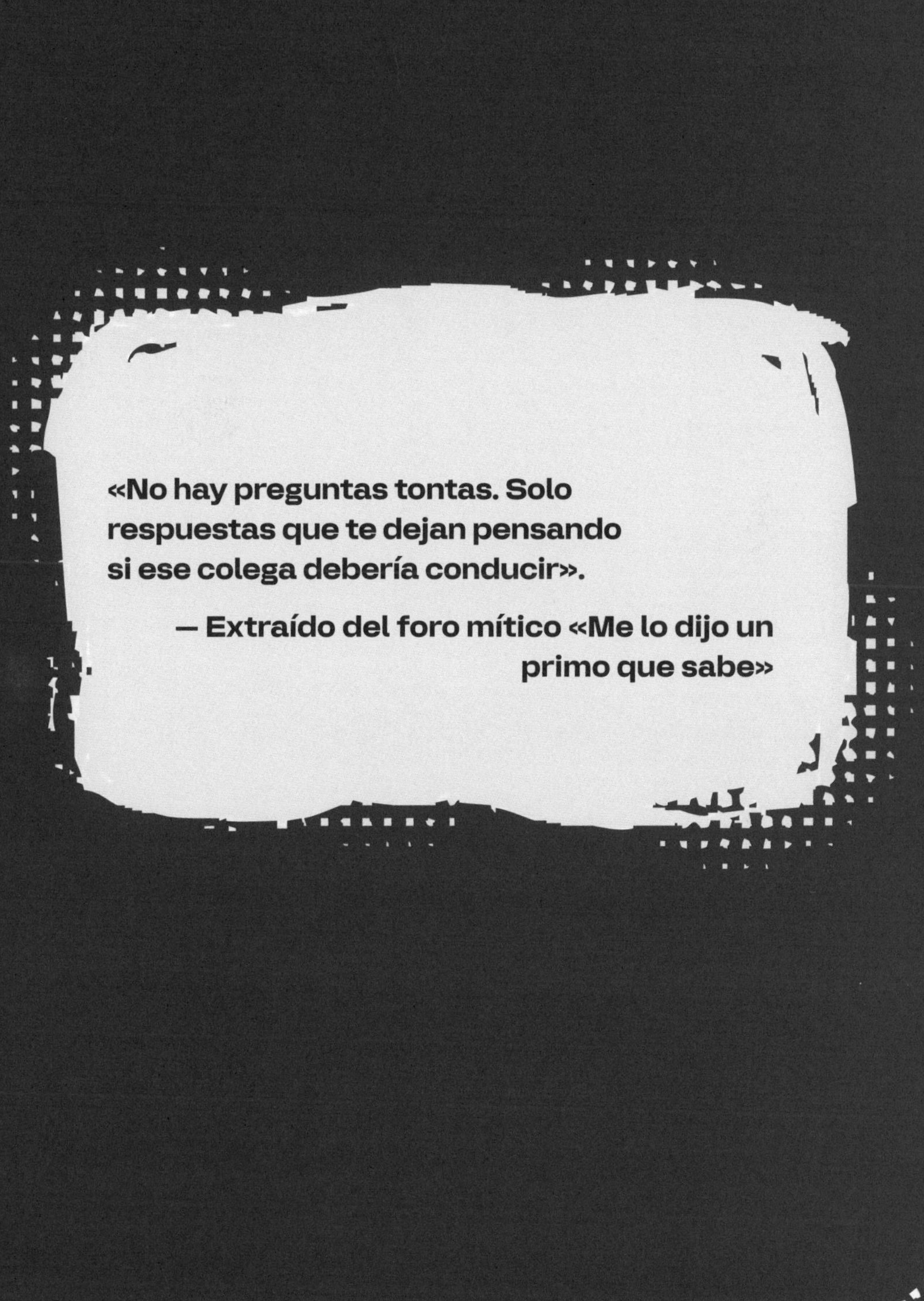

«No hay preguntas tontas. Solo respuestas que te dejan pensando si ese colega debería conducir».

— Extraído del foro mítico «Me lo dijo un primo que sabe»

En el mundo del motor, las dudas existenciales no se resuelven en universidades, sino en aparcamientos, grupos de WhatsApp y vídeos con títulos como «Cinco cosas que NO sabías sobre tu coche y ahora querrás saber a las tres de la madrugada».

Aquí hemos recopilado algunas de las mejores preguntas que nos han hecho (sí, reales), y les hemos dado dos respuestas: una seria, para que aprendas algo, y otra como se merece.

¿Puedo echarle Red Bull al depósito si es gasolina con «efecto turbo»?

RESPUESTA TÉCNICA

No. El motor no tiene alas, y lo único que conseguirás es una avería gorda.

RESPUESTA SINCERA

Tu coche no va a volar, pero tú puedes volar directo al taller.

¿El alerón ayuda, aunque solo conduzca por ciudad?

RESPUESTA TÉCNICA

A velocidades legales en ciudad (50-70 km/h), el alerón no tiene efecto aerodinámico apreciable.

RESPUESTA EMOCIONAL

Sí. Te da autoestima, respeto visual y +10 de ***flow*** en el semáforo. Eso también cuenta.

¿Cuánto corre un coche con más pegatinas?

RESPUESTA TÉCNICA

Las pegatinas no afectan al rendimiento (a no ser que tapen las tomas de aire, que sería de traca).

RESPUESTA MÍSTICA

Por cada pegatina de marca, ganas tres caballos imaginarios.

¿Es verdad que, si vas siempre en reserva, el coche se acostumbra?

RESPUESTA TÉCNICA

No. Lo único que consigues es que la bomba de gasolina trabaje con la suciedad del fondo del depósito.

RESPUESTA DE MADRE

Sigue así y te vas a quedar tirado en la peor curva, con lluvia y cobertura cero. Avisado quedas.

¿Es malo hacer cortes en frío?

RESPUESTA TÉCNICA

Sí. Cuando el motor está frío, el aceite aún no ha lubricado bien todas las partes.

RESPUESTA CUÑADIL

Si haces cortes en frío, luego no te quejes si el coche suena como una batidora con ansiedad.

¿La sexta marcha solo la usan los ricos?

RESPUESTA TÉCNICA

No. La sexta está pensada para reducir consumo a velocidades de crucero, no es un privilegio de clase.

RESPUESTA POPULISTA

Si no metes sexta porque crees que gasta más, igual también piensas que los radares multan por ideología.

¿Puedo pasar la ITV si llevo un alerón hecho con una tabla de planchar?

RESPUESTA TÉCNICA

No. Las modificaciones deben estar homologadas, y la ITV no suele aceptar ideas del *Bricomanía*.

RESPUESTA CREATIVA

Puedes intentarlo, claro. Pero no olvides llevar excusa, chiste rápido y la dirección de un chapista.

¿Lavar el coche con Fairy da buen resultado?

RESPUESTA TÉCNICA

El Fairy es desengrasante y, con el tiempo, puede estropear el barniz de la pintura.

RESPUESTA DE EXPERIENCIA

Funciona, sí. Pero si lo haces, vete buscando un bote de pulimento y un rincón donde llorar.

¿Si le cambio el pomo, el coche corre más?

RESPUESTA TÉCNICA

No. Pero el cambio parece más corto, el tacto mejora y te sientes más *racing*.

RESPUESTA EMOCIONAL

Tú no corres más. Pero la ilusión... ¡esa sí que despega!

¿Es mejor acelerar fuerte para limpiar el motor?

RESPUESTA TÉCNICA

Solo si el coche está caliente y lo haces con cabeza.

RESPUESTA ESTILO ABUELO

Mejor eso que tener el coche agarrotado como las rodillas cuando no haces deporte.

¿Es ilegal acelerar en los túneles?

RESPUESTA TÉCNICA

Acelerar en sí no es ilegal, pero si excedes los límites o haces ruido excesivo... multazo.

RESPUESTA DE AFICIONADO AL CORTE

Acelerar en un túnel es una religión. Solo asegúrate de no despertar a media ciudad.

¿Qué pasa si le echo aceite de oliva al motor?

RESPUESTA TÉCNICA

Literalmente, puedes cargarte el motor.

RESPUESTA HISTÓRICA

Te conviertes en la primera persona —y puede que la última— en freír un bloque motor.

¿Puedo montar un turbo yo solo con tutoriales de YouTube?

RESPUESTA TÉCNICA

Puedes, igual que puedes operarte una muela en casa, pero no deberías.

RESPUESTA PREMONITORIA

Lo que empieces viendo como un proyecto de finde acabará como un «me lo recogen con grúa».

¿Le puedo poner luces led a los faros y ya?

RESPUESTA TÉCNICA

No sin adaptar la óptica y homologar. Puedes deslumbrar a todo el que venga de frente.

RESPUESTA POÉTICA

Lo tuyo no es iluminar, es cegar. Y eso, amigo, es otra cosa.

¿Puedo lavar el motor con manguera a presión?

RESPUESTA TÉCNICA

Mal asunto si no tapas las partes eléctricas.

RESPUESTA CON TRAUMA

Es la forma más rápida de pasar de coche funcional a proyecto de restauración forzosa.

¿Si pinto los tambores de freno de rojo, frena mejor?

RESPUESTA TÉCNICA

No, pero puedes fingir que llevas Brembo.

RESPUESTA HONESTA

Igual no frena mejor, pero tú te paras más a mirarlo.

Mi coche hace un ruido raro, ¿puede ser psicológico?

RESPUESTA TÉCNICA

No. Si lo escuchas, existe.

RESPUESTA REALISTA

Lo psicológico es pensar que se va a arreglar solo. Spoiler: no.

¿Los alerones pequeños también cuentan?

RESPUESTA TÉCNICA

Técnicamente sí. Aunque no aporten apoyo, sí aportan actitud.

RESPUESTA TUNEADORA

Claro que cuentan, como los tatuajes pequeños. Van diciendo cosas.

Y una última para el recuerdo...

¿Por qué nadie respeta las rotondas?

RESPUESTA TÉCNICA

Por falta de educación vial.

RESPUESTA DESESPERADA

Porque las rotondas son el espejo del alma. Y el alma de muchos está torcida.

¿Tienes más preguntas?

Enviánoslas. Quizá te respondamos, o quizá nos dé por hacer otro libro.

Mientras tanto, **gracias por leer, por reírte y por comparti esta pasión con olor a gasolina**.

Nos vemos en la siguiente curva.

— Danifvck & Amilibia

PORQUE LEER MOLA, PERO JUGAR CON GASOLINA MOLA MÁS.

GRACIAS POR LLEGAR HASTA EL FINAL

Si has llegado hasta aquí, enhorabuena. Has leído confesiones, liadas mecánicas, consejos que parecen chistes, y te has tragado más sabiduría *tuning* que muchos en cinco años de aparcamiento.

Este libro no es solo una guía para cuidar el coche, ni un manual de modificación. Es una declaración de amor por las cuatro ruedas, por la gasolina, por las ideas locas, por los detalles que solo entienden quienes miran su coche como si fuera una extensión de sí mismos.

Aquí no hay una forma correcta de vivir el mundo del motor.

Está el que lo cuida como si fuera su hijo.
El que lo tunea como si jugara al *Need for Speed* en la vida real.
El que solo quiere llegar del punto A al punto B, pero con estilo.
Y también el que se atreve a aprender, aunque lo rompa todo por el camino.

Todos caben. Todos suman. Todos hacen rugir este mundo.

Así que gracias por leernos.
Por reírte con nuestras liadas.
Por apuntarte nuestros trucos (aunque los apliques a tu manera).
Y por tener el valor de tocar, modificar, limpiar, romper y volver a montar.

Esto no acaba aquí. Acaba en tu garaje, en tu calle, en la próxima curva, en ese proyecto que no enseñas, pero que tienes en la cabeza desde hace meses.

Nosotros ya hemos escrito nuestra biblia.

Ahora te toca a ti escribir la tuya, con aceite, cinta americana y mucho estilo.

Nos vemos en la carretera.

O en la ITV, con cara de inocentes.

– Dani & Álex.